U0010757

胸腔科權威曹昌堯教授的

36堂
健康必修課

任何人都要為自己的健康把關，
做好管理計畫，
大病、小病都能輕鬆搞定。

中山醫學大學　講座教授
曹昌堯 醫學博士 —— 著

晨星出版

推薦序一

昌堯兄是名醫，也是教育家。多年來，他一手治病，一手書寫，救人無數，德澤廣披。朋友中能將醫學知識與人文關懷結合的並不多見，實屬難得！這本新書便是這精神的實踐。

時疫流行，國人皆為所苦，昌堯兄教導大家，健康防疫皆從日常生活中去做。常識並不等於知識，專業知識方能給正確的指引。

本書深入淺出的必修課當是益人無數，特為短序，以為分享。

高承恕

逢甲大學　董事長

逢甲大學 EMBA 經營管理學院　教授

增知識，保健康

2019 年 12 月，橫空出世的新冠肺炎快速襲捲全球，不分國家、人種、職業、年齡、性別，都壟罩在疫情陰影下。近三年來（截至 2022 年 9 月），已超過 6 億人口染病，超過 650 萬人死亡。在疫情之初，新冠的散播速度以及致病嚴重度，類似二十世紀初西班牙流感（H1N1，延續 3 年，造成 18 億人染病，近 5 千萬人死亡），或歐洲十四世紀的鼠疫（延續 6 年，造成 7500 萬～2 億人死亡），美洲十五世紀的天花，與其他由歐洲人帶入的傳染病（美洲原住民人口由 6 千萬減少到 6 百萬）。

然與上述重大傳染病相比，新冠致病原的散播速度類似，但死亡率差異甚大。在全球聯網時代，擁有當代文明有史以來最快速的訊息分享，以及最頂尖的生物與製藥科技，全球得以在極短時間內，建立有效的防疫規則，篩檢診斷工具，新技術疫苗與治療藥物，推進智慧與遠距醫療。而政府與政府、研發製藥機構間，經由網路會議進行合作，民眾以社群媒體傳遞訊息，迅速建立全球性防疫合作網絡，逐漸隨著疫情減緩、邊境解封，轉進疫後世界運作新常模。

知識的力量是強大的，但正確的知識才能有正面的效應。由於網路世界的訊息傳遞非常快速，但真偽難辨，健康養生的行動也應來自科學實證支持的知識。曹 P 是我認識多年的胸腔內科前輩醫師，醫學與管理學為其專長，而對於美食、美酒也有豐富鑑賞能力。本書整理其在逢甲大學 EMBA「健康趨勢與管理」講課內容共 36 堂，由剖析體質（基因）與內外環境探討罹病、罹癌風險，了解該如何趨吉避凶；而得病後如何被進行診斷，如何早期診斷與治療，三高慢性疾病的自我照顧；在邁向超高齡社會的臺灣，民眾該如何認識老化與建立健康的老化過程；至藉由新冠肺炎以及抗病毒疫苗，帶入免疫學科普知識。

曹 P 能言善道，本書內容豐富、觀念清晰、淺顯易讀，不論是罹病後的自我照護或是民眾日常養生都很實用，適於醫療從業者或民眾閱讀，個人在此極力推薦。祝讀者都能善用知識，永保健康！

余忠仁

臺大醫院新竹生醫園區分院　院長

臺灣大學醫學院　內科教授

推薦序三

民國 103 年有幸加入「逢甲 EMBA」這個大家庭，在兩年的學程中，教導的老師有不少人，曹昌堯老師卻是讓我印象相當深刻的一位，大家習慣稱他為「曹副」，因為他當時擔任中山醫學大學的副校長，本身更是一位胸腔內科的權威醫師。

他的學識非常淵博，高雄醫大畢業後，遠赴美國哈佛大學麻州總醫院擔任研究員，學成回國又到長庚大學臨床醫學研究所深造，榮獲博士學位；其行政經歷更是豐富，曾任林口長庚醫院胸腔主任、長庚大學教授、臺北慈濟與中山醫學大學附設醫院副院長等職務。在擁有這樣傲人的學經歷後，又願意到逢甲大學修讀 EMBA 及教書，如此傳奇的行為讓我深表驚訝與敬佩不已。

除了醫學資經歷豐富讓我折服之外，曹副更是一位多才多藝的人。上課時，他曾送給每位同學一本圖文並茂的詩集，書中的圖都是他拍攝的照片，文字則是優美的詩詞。所以，他既是一個懸壺濟世的醫者，更是一位詩人、一位攝影家，感性與理性兼具，實在是位不可多得的奇才。

因為對他相當好奇，所以曹副每次在《逢甲人月刊》發表的文章，是我每期必看且受益良多的醫學常識來源。如今，得知曹副將這些佳文集結成冊，書名訂為《36 堂健康必修課》，相信出版後必能造福更多的國人。

能夠受邀為這本好書撰寫推薦序，實在是莫大的榮幸。祝福每個有緣的閱書人都能從曹副的大作裡，收穫滿滿。

吳春山

麗明營造　董事長

逢甲大學 EMBA103 高階

逢甲大學 EMBA 學術發展基金會　理事長

前言

本書雖然沒有鎖定在某一個特定的疾病，但是卻提供現代人健康生活必須具備的各種知識。

我本身一直在醫學中心工作，而且取得教育部「部定教授」資格已經長達二十年，期間擔任過三家醫學大學的教授及其附設醫院的主任醫師。不同於坊間的健康書籍或是上網搜尋的健康資料，身為內科學教授，我更清楚這本書應該傳授哪些醫學知識給一般的民眾和患者。

不是每一個人都能夠活到長命百歲，但是健健康康的活到老，是每一個人的夢想，也是大家應該努力追尋的目標。

2014年開始，我每年在逢甲大學EMBA，開設「健康趨勢與管理」的課程，跟學生、同時也是各行各業的企業主，交流如何「順天應命、趨吉避凶」的健康哲學。由於上課的內容貼近於生活，有趣而且實用，因此課程大獲好評，選修還得搶破頭。

課程一開始，我先從基因的宿命談起，包括物種演化的法則，生命共生、共存的意義。接著，我開始導入國人的十大死因：癌症、心血管疾病、肺炎及感染性疾病等。課程中，先談癌症的起因與生活飲食習慣的關聯，以及如何預防與早期診斷。後續，我再談到心血管疾病、三高、肥胖等國人常見的問題。空氣污染、呼吸道疾病，以及目前、還有未來都會與我們共存的 COVID-19 病毒，這些都是我身為胸腔科醫師的專長。免疫力的祕密、睡眠障礙及老化議題等，則是因應 EMBA 學生的需求而加入的內容。

上課之後，我接受逢《逢甲人月刊》編輯的邀請，陸續將這些上課的內容寫成文章。歷經三年，期間有些內容因為科學、醫學的進步而重新改寫，所有引用的資料都來自於醫學文獻或教科書，大家可以放心閱讀與吸收。同時，也要感謝晨星出版社的編輯與主編雅琦的精心策劃，讓這本書可以順利出版。

曹昌堯

2022 年　仲夏

◆目次◆

Chapter

01

基因決定一切嗎？

LESSON 1

人類如何順天應命？（一）物種間的互利共生

維持「基因延續」是各個物種生存的基本法則，所以不管是物種最頂層的人類還是最底層的病毒，都有著共同的生存目的，就是繁衍後代。

提早 40 億年入住地球的先住民

2022 年的 5 月，在人類與 COVID-19 病毒纏鬥兩年半後，臺灣的政府終於決定放棄鎖國的政策，順服於基因的命運，讓至少八成的國人感染病毒，來達到群體免疫，讓人民重新回到正常的生活。

人類雖然站在物種演化的最頂端，擁有最高的智力，但是，這次卻被生命鏈最底層的物種 RNA 病毒擊敗，其實這一點都不奇怪。根據科學家的估計，地球的歷史大約有 46 ～ 50 億年，而 40 億年前地球最早出現的生命，就是病毒。

RNA 或 DNA 病毒可以利用生存環境中的化學物質合成鹼基對、複製自己，達到基因延續的目的。接著，在 35 億年前，地球開始出現單一細胞生物，包括大家熟知的——細菌。

細菌可以自行分裂複製，繁衍後代。接下來，各種多細胞生物紛紛出現，包括植物以及動物，花草、昆蟲、魚蝦、貓狗……地球上絕大多數的物種，都比人類更早出現在地球。

所以在 250 萬年前，人類的祖先出現時，病毒以及細菌早已經學會利用其他物種的身體進行複製與繁殖，並且短期或長期居住在其他物種的身上，以便於基因複製與繁衍。

III 與病毒共存是人類 DNA 的宿命

然而，現代醫學最不願意接受的事實，就是人菌共生（Symbiosis）。以前我的老師都教我們，人體在皮膚、黏膜以內就是無菌的。現在，科學終於承認，人體內存有不可計數的微生物，光是腸道就有百兆以上的微生物，連以前被堅持認為是無菌的呼吸道，也是如此。

在我們出生以後，病毒、細菌長期住在體內，所有與外界接觸的器官，包括呼吸、消化、生殖泌尿系統等器官，都是它們最愛的地方。它們有些會長期住下來，與我們共生；有些來來去去，引起各種的症狀與疾病。

打從我們出生以後，人體的免疫系統就不斷的學習與這些環境中的病原菌相處，有時選擇完全消滅它們，有時選擇與它們共存。然而，一支全新演化出來的病毒，它也會選擇最佳的方法，讓它的種姓基因可以世代繁衍。最合理與有效的方法，就是透過不斷的突變（病毒利用宿主的細胞透過複製、分裂大量的繁殖，在每一次的分裂就會有基因突變的可能），讓自己變得感染力更強，但是症狀必須更輕微、死亡率更低，才可以更容易透過它的宿主，不斷的傳播，世世代代繁衍。

⑪ 學會尊重其他物種生存的權利

從最底層的病毒、細菌一直到最頂層的猩猩、人類，DNA 是所有物種共同擁有的生命密碼，通通是由一系列的鹼基對組合而成。這證明了，所有的生命同源，彼此互相倚賴又互相競爭。

所以，自從有生命以來，病原菌與宿主之間的戰爭，從來沒有停止過；然而，這樣既競爭又互補的關係，卻成就了地球上物種的多樣性，並且透過幾十億年的物種演化過程，達到近乎完美的生態平衡。

不幸的是，200 多年前開始，人類進行了一次又一次的工業革命，不斷的掠奪與濫用地球的資源，大量的破壞了生命生存的環境與生態的平衡。可以斷言的是，對人類而言，COVID-19 這支新興的病毒既不是初始、也不會是結束。

倘若，地球上所有的物種都一直在進行殘酷的生存對決；倘若，人類不斷的挑戰其他物種的生存權，其他生物自然也會提出致命性的反撲。人類應該學會如何包容其他物種生存的權利，努力保護地球的環境。

陽光、空氣與水分是所以物種生存的根源，人類不應該獨占或致命性的掠奪，否則最後一定會導致人類自己的滅絕。物種生存的基本法則就是維持基因的延續，**物種之間的生存競爭，而最完美的模式就是「互利共生」**。

LESSON 2

人類如何順天應命？（二）基因與環境對生命的影響

「基因」與「環境」共同決定物種的外型與行為模式。基因藉由物種的世代傳承而延續，但是會因為環境的變遷，透過篩選而留下最能適應環境的基因。

基因體定序

猴子跟人類有 90% 的基因是一樣的，黑猩猩跟人類更是共享 98.8% 的基因。所以，即使你沒有看過猴子或黑猩猩，你也可以知道黑猩猩的長相與行為模式比猴子更像人類。

事實上，黑猩猩與人類同屬於人科，人科是靈長目的一科，除了人類外，還包括所有已絕種的人類近親及幾乎所有的猩猩。

透過形體、長相與行為模式，雖然可以大略的分辨出物種的來源，但是透過基因體定序（一種現代分子生物學的技術），可以清楚的歸納物種的起源與脈絡。

最典型的例子就是不再會有人爭論，熊貓是貓還是熊？熊貓長得不太像熊又是吃全素，但是透過基因定序的比對，可以確定牠就是熊。

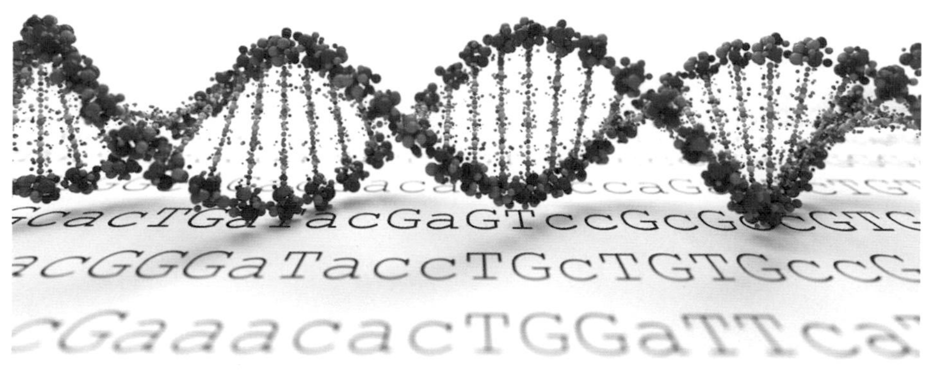

法律上有血緣爭議時，「親子鑑定」就是透過這一項技術，來判定兩人之間的血緣關係。現今，不到 10 萬塊臺幣，就可以做完自己的全基因組定序（Whole Genome Sequencing）。

不過，社會上卻沒有掀起這個「基因型身分證」的探索風潮。由此可以窺知，人類文明的建構，不是框架在「基因純正」的前提上。

Ⅲ 蛋白質編碼基因

俗話說，「龍生龍、鳳生鳳，老鼠的兒子會打洞。」基因不僅傳遞物種的外型模組，基因也會影響物種的行為模式。人體擁有 23 對染色體，每一個染色體含有數百個基因。

基因是由一序列的鹼基對所組成，它也是一個蛋白質編碼的單位。人體估計約有 20000 ～ 25000 個基因，這個數量比某些原始的生物更少，但是透過大量的選擇性剪接（Alternative Splicing），使得一個基因能夠製造出多種不同的蛋白質。

不同的蛋白質在體內各有不同的功能，負責維繫身體健康的所有生理機能。有些蛋白會影響到人類的行為，例如：單胺氧化酶（MAOA）負責調節在大腦中的神經衝動傳遞物質，像是多巴胺、去甲腎上腺素等。當 MAOA 的基因出現突變而導致分泌不足時，會造成該個體具有暴力行為的傾向。

有趣的是，具有同樣 MAOA 基因突變的小孩，因為成長環境以及教養模式不同，這種傾向的表現卻又不相同。研究人員發現，生長在一個溫暖、正常家庭的小孩，其未來發生暴力行為比生長在一個暴力、異常家庭的小孩低了許多。

ⅡI 其他生命體對個體的基因的影響

前面所說的，MAOA 突變基因會因為環境不同，而有不同的基因表達（基因製造出的蛋白質數量）。其實，調控身體機能的各種基因，也會隨時隨地因應環境的變化，調整其製造各種生理所需的蛋白質的種類及數量，例如：緊張的時候會釋放出比較多的腎上腺素，讓交感神經處於亢奮的狀況，來調控各個相對應的器官。

幸，也不幸的是，環境中的其他各種生命，也會無時無刻的影響到我們的基因表現，例如：感染人類的病毒——COVID-19，感染後啟動身體的各種免疫機轉，造成各種症狀與症候。萬一你的某些免疫基因跟它不對盤，就可能會產生致命的免疫風暴。

另外，有些病毒與細菌雖然不會感染人類，造成疾病，卻會長期住在身體裡面影響身體的機能，例如：生存在我們腸胃道裡、成千上萬種的益生菌，它們在你出生後透過共同生活的家人、飲食與環境等因子，逐漸形成穩定的共生關係。

它們也會透過影響你身體的基因表達，來干預你的胃腸道機能，影響營養吸收，甚至身體的外型與生命的長短。

生命體只是基因延續的一個軀殼而已，基因與環境共同控制這個軀殼的表現；當生存環境優渥的時候，生命體會力求自己的延長。反之，當生存環境惡劣的時候，生命體會放棄自己而選擇讓物種繁衍（衍生下一代）。這個決定是由環境與基因共同做出的選擇，而不是個體。

Chapter

02

是人為，不是宿命

LESSON 3

人活著就是為了一口氣？

空氣汙染（$PM_{2.5}$）對身體的傷害

2013 年，國際癌症研究署（International Agency for Research on Cancer, IARC）將懸浮粒子（Particulate Matter, PM）列為人類致癌物，並指出其是造成癌症死亡的主要環境因素之一。同樣被列為第一類[註]致癌物而且為大家所熟悉的，例如黃麴毒素、砒霜、石棉、甲醛、菸草、檳榔及酒精飲料等。其實，懸浮粒子不只會引起癌症，它們對全身多數器官也都會引起傷害，進而產生各種疾病。

什麼是懸浮粒子？

在環境科學中，將空氣動力學直徑 ≤10 微米（μm）的懸浮粒子稱為**可吸入懸浮粒子（PM_{10}）**；直徑 ≤2.5 微米的懸浮粒子稱為**細懸浮粒子（$PM_{2.5}$）**。這些懸浮在空氣中的固體顆粒或液滴，會導致霧茫茫現象，統稱「霾害」，是空氣污染的主要原因之一。

這些懸浮粒子能夠在大氣中停留很長的時間，並且隨著呼吸進入體內，積聚在支氣管、肺部、血液及身體器官中，影響身體健康。

[註] 第一類致癌物是指對人體有明確致癌性的物質或混合物。

懸浮粒子的來源

環境中的懸浮粒子有三大來源：

一、**自然來源：**主要的來源是從地表揚起的塵土，它們含有氧化物礦物和其他成分。海鹽是第二大的自然來源，其組成與海水的成分類似。其他自然來源包括火山爆發、沙塵暴、森林火災、浪花等。

二、**人為來源：**這些氣體污染物是由人類燃燒化石燃料（煤、石油等）和垃圾所製造的硫或氮的氧化物轉化而來。尤其在發展中國家，煤炭燃燒是家庭取暖和能源供應的主要方式。

三、**室內來源：**塵蟎、二手菸是懸浮粒子最主要的室內來源。這類懸浮粒子的來源是不完全燃燒，例如燃燒的菸草產品，祭拜燃燒的金紙、焚香及燃燒的蚊香，都會產生具有嚴重危害的懸浮粒子。

懸浮粒子的成份的特性

細懸浮粒子（$PM_{2.5}$）比可吸入懸浮粒子（PM_{10}）更易吸附有毒害的物質，如重金屬。在城市中以重金屬元素最為嚴重，較顯著的有鋅（Zn）、鉛（Pb）、砷（As）、鎘（Cd）等，而不同地區各自有著不同的汙染。除了重金屬之外，還有微生物等。

懸浮粒子如何進入身體？

成人每分鐘呼吸 7 ～ 14 公升空氣，每天合計高達 1 ～ 2 萬公升。劇烈運動時，每分鐘更呼吸超過 50 公升空氣。倘若空氣中含有過多的有害微粒，一個人每天會吸進多少致病的物質？

人類的呼吸道始於鼻腔、咽喉，緊接著氣管，再分支為支氣管、細支氣管，大約經過 20 ～ 23 級的分支，最終到達肺泡。而最終的細支氣管分支的直徑大約 3 微米。當空氣經由嘴或鼻子被吸入後，會通過咽、喉頭、氣管和逐漸分化的支氣管和細支氣管，最終到達肺泡進行二氧化碳和氧氣的氣體交換過程。

懸浮粒子的大小決定了它們最終在呼吸道中的位置。較大的懸浮粒子往往會被纖毛和黏液過濾，無法通過鼻子和咽喉。次之的懸浮粒子會停留在上呼吸道、氣管及較大的支氣管，PM_{10}（直徑 ≤10 微米且＞ 2.5 微米）會停留在細支氣管，$PM_{2.5}$（直徑 ≤2.5 微米的懸浮粒子）會停留在終端支氣管和肺泡，更小的粒子將會穿過肺泡、進入肺泡外披覆的微血管網絡，隨著血流自由的進入血液循環系統。

體積愈小的粒子，具有愈強的穿透力。夠小的粒子（直徑 ≤3 微米）會抵達細支氣管壁的肺泡內，干擾肺泡的氣體交換。超級小的微粒（直徑 ≤100 奈米）將會通過肺泡進入血液循環系統，影響全身的器官。

一般的懸浮微粒

懸浮粒子的大小決定它們將會對哪些器官引起傷害。前文曾提到，懸浮粒子的大小決定了它們最終在人體內停留的位置。直徑＞ 10 微米的懸浮粒子，通常會被阻擋在上呼吸道（鼻腔、咽、喉），引起上呼吸道的過敏、發炎等反應，導致打噴嚏、流鼻水、喉嚨痛以及咳嗽等症狀。直徑 ≤10，且＞ 2.5 微米 的懸浮粒子（簡稱為 PM_{10}），則為可吸入的懸浮粒子。PM_{10} 停留在氣管、支氣管的黏膜上皮細胞上，短期的刺激會引起炎症反應，導致氣管壁下的黏液腺體產生痰液，引起咳嗽。長期的暴露會造成慢性支氣管炎。更小的懸浮粒子（≤2.5 微米，簡稱為 $PM_{2.5}$），會停留在細支氣管的黏膜以及肺泡內，引起黏膜以及肺部的細胞發炎，干擾氧氣與二氧化碳的交換工作。長期的暴露會造成肺部的永久損傷。肺細胞在反覆損傷與修復的過程中，可能產生癌症的病變，最後導致肺癌。

更小的懸浮微粒

更小的懸浮粒子（≤0.1 微米）穿過肺泡後，將會進入肺泡旁的微血管網絡，匯入全身的血液循環系統，影響全身的器官。

研究發現，這些超級小的微粒對組織器官有多項的影響：

一、**對血液的影響：**使得血液中的過氧化物、游離自由基增加和發炎因子的濃度上升，被活化的白血球和血小板的數量增加。

二、**對血管的影響：**增加血管內皮細胞破損以及動脈內壁出現粥狀沉積的機率，導致血栓生成的機率增高。

三、**對心臟的影響：**上述血液及血管的影響，將會導致高血壓性及冠狀動脈心臟病，引起心跳加速、運動呼吸困難以及心律不整。嚴重時，會產生心臟衰竭。

四、**對其他器官的影響：**會促進肝臟釋放凝血因子，增加血栓生成的機會；另外也會使脂肪組織分泌抵抗素（Resistin），使血管發炎、肥胖、糖尿病的風險增高。

五、**對自律神經系統的影響：**會導致交感神經不正常的活躍，並引起副交感神經活性低下。

粒徑＞10微米	粒徑≦10微米，且＞2.5微米（PM_{10}）	粒徑≦2.5微米（$PM_{2.5}$）	粒徑≦0.1微米
• 會被阻擋在上呼吸道（鼻腔、咽、喉）。 • 上呼吸道的過敏反應，導致打噴嚏、咳嗽、流鼻水等症狀。	• 會停留在氣管、支氣管的黏膜上皮細胞上。 • 短期會引起炎症反應，導致氣管壁下黏液腺體產生痰液，造成引起咳嗽；長期下來可能造成慢性支氣管炎。	• 會進入細支氣管的黏膜及肺泡裡。 • 黏膜與肺部細胞發炎，干擾氧氣與二氧化碳的交換，長期暴露會造成肺部永久傷害。肺細胞在反覆損傷與修復的過程中，可能產生癌症病變，導致肺癌。	• 進入肺泡旁的微血管網路，匯入全身的血液循環系統。 • 對血液、血管、心臟、其他器官以及自律神經系統皆會產生影響。

PM$_{2.5}$ 與健康的關係

細懸浮微粒 PM$_{2.5}$ 是世界上最大的「環境」健康風險，在長期暴露下會提高發生肺癌、中風、心臟疾病、慢性呼吸道疾病、下呼吸道感染與哮喘等疾病的風險。

癌症、心臟病、肺炎和腦血管疾病依序是目前臺灣十大死因的前四名，慢性呼吸道疾病則為第八名。因此可以理解，為何「空氣汙染」最近成為全國人民最關切與憤怒的議題。

早在 1970 年代，科學家便開始注意到懸浮粒子污染與健康問題之間的關係。2002 年發表於《美國醫學會雜誌》的一項研究發現，**PM$_{2.5}$ 會導致動脈斑塊沉積，引發血管炎和動脈粥樣硬化，最後導致心臟病或其他心血管疾病。**

這項研究證實，當空氣中 PM$_{2.5}$ 的濃度長期高於 10 $\mu g/m^3$，就會帶來死亡風險的上升。濃度每增加 10 $\mu g/m^3$，總體死亡風險會上升 4%，心肺疾病帶來的死亡風險上升 6%，肺癌帶來的死亡風險上升 8%。

依據 2000 年的數據，在美國，每年由於懸浮粒子污染造成的死亡人數約為 22000 ～ 52000 人，在歐洲則高達 20 萬人。

PM$_{2.5}$ 真得會引起肺癌嗎？

懸浮粒子除了會對呼吸系統和心血管系統造成傷害外，PM$_{2.5}$ 極易吸附多環芳烴等有機污染物和重金屬，使得致癌、致畸形的機率明顯升高。

美國癌症協會（American Cancer Society）將空氣污染列在八

個肺癌危險因子的第五位，它對肺癌產生的影響力雖然遠遠小於吸菸，但是仍然不應該掉以輕心。

Ⅲ 肺癌的八大危險因子

一、**吸菸**：吸菸是造成肺癌的主要原因，大約 80% 的肺癌直接導因於吸菸。菸斗、雪茄以及二手菸等同於吸紙菸，由於吸入的焦油沒有菸嘴過濾，所以可能更為危險。吸菸者的肺癌比非吸菸者的肺癌更難治療，而且平均存活期更短。

二、**暴露於氡**：氡是環境中的一種天然放射性氣體，來自於土壤或岩石內的鈾的自然分解。長期暴露於氡氣被認為是肺癌的第二大致病因素，對非吸菸者肺癌而言，它是肺癌的主因。在封閉的空間，例如：長期生活在地下室，會提高暴露高濃度氡氣的危險。

三、**暴露於石棉**：工作或生活場域暴露於石棉纖維（例如：鋼廠、紡織廠與拆船場內，石棉常被用來當絕緣與隔音的材料），已經被確認為是產生肺癌的主要因子。另外，惡性間皮瘤（Malignant Mesothelioma）也被認為與石棉的暴露相關。

四、**暴露於工作場域內的其他致癌因子**：暴露於放射物質，例如：鈾，或吸入化學或礦物質，像是砷、鈹、鎘、氯乙烯等，或吸入柴油廢氣，也已經被確認與產生肺癌有關。

五、**空氣污染**：空氣污染被認為是一小部分肺癌的產生原因，但是它的影響因素遠遠小於吸菸。研究學者認為，大約有 5% 的肺癌與空氣污染有關。

另外，下面二個狀況也被認為有增加肺癌的風險：

六、曾經接受肺部放射治療。

七、個人或家族有肺癌病史。

最後一項：

八、吸菸者額外攝取乙型胡蘿蔔素，已有研究發現，會提高肺癌的風險。

Ⅲ 如何免於空汙？

臺灣的空氣汙染大多是人為來源，這些氣體污染物大都是由人類燃燒化石燃料（煤、石油等）和垃圾所製造的硫或氮的氧化物轉化而產生的，估計工業排放占 50%、交通廢氣占 20%，剩下 30% 為境外污染源。

臺灣政府自己訂定的 $PM_{2.5}$ 空氣品質標準為：24 小時平均值，35 $\mu g/m^3$；年平均值，15 $\mu g/m^3$。但是，每年能符合平均標準的只有花蓮縣與臺東縣。臺灣的中部、尤其是南部的居民，全年暴露於嚴重的空氣污染，對人民的身體健康有莫大的戕害。**改變工業政策，增加綠能運輸與綠能發電，是面對生存的迫切議題。**政府與民眾惟有攜手合作、共同努力才不會禍害自己，甚至禍延子孫。

⑪ 活著真的很難？

幾十億年來，地球一直維持的完整的生態平衡，卻在短短的兩三百年內被人類破壞殆盡。第一次與第二次的工業革命先後發明了蒸汽機與內燃機，人類開始有了火車、汽車與飛機，開始燃燒從地底下挖出的煤炭與石油，燃燒這些死去的植物與動物的屍體，產生大量的二氧化碳與各種有毒的氣體，排放到大氣之後，不僅威脅到人類與動、植物的生存，而且造成了全球溫度、氣候、地物與地貌的不穩定。最終，將造成人類與地球的浩劫。

空氣污染以及地球暖化，已經是一個迫在眉睫的議題，當前人類卻無法痛定思痛，共同提出一個解決的方法。這個世界如果繼續維持弱肉強食、大國吃小國，戰爭與經濟侵略不斷發生的話（遺憾的是，這似乎是動物的本性），人類恐怕只能呼吸到愈來愈骯髒的空氣。現在要花錢買水喝，以後說不定要花錢才能買到乾淨的空氣以供呼吸？

LESSON 4

如何趨吉避凶？
（一）剖析國人十大死因

愛車都要定期檢查保養，為什麼你的身體不需要？雖然不能長命百歲，但是總希望不要疾病纏身。接下來將剖析國人十大死因，告訴你該如何為身體進行定期檢查、持續保養，以達到趨吉避凶。

解讀國人的十大死因

國人的十大死因包括常見的九種疾病以及事故傷害。有效的破解這些原因，將使你能夠遠離疾病，有望長命百歲。**十大死因以慢性疾病為主，除了首惡的癌症、第三名的肺炎與第七名的事故傷害外，其餘的死因都與慢性病有關**。其中，第二名的心臟疾病、第四名的腦血管疾病、第五名的糖尿病與第六名的高血壓性疾病都與三高，也就是高血壓、高血脂、高血糖有關。第八名是慢性下呼吸道疾病，第九名是腎炎及腎病症候群，第十名是慢性肝病及肝硬化。

同時，需要特別注意的是，**十大死因有六個**（第一到第四，及第六與第八名）**都與抽菸這個惡習有關**。至於癌症，也就是惡性腫瘤，自民國 71 年起，已連續 40 年高居國人死因首位（截至民國 110 年的數據）。

根據民國 110 年數據，十大死因的死亡人數占總死亡人數的 76.6%，且以慢性疾病為主。十大死因依序如下：

死因排名	人數	備註
1 惡性腫瘤	51656	慢性病・抽菸相關
2 心臟疾病	21852	慢性病・三高相關・抽菸相關
3 肺炎	13549	抽菸相關
4 腦血管疾病	12182	慢性病・三高相關・抽菸相關
5 糖尿病	11450	慢性病・三高相關
6 高血壓性疾病	7886	慢性病・抽菸相關
7 事故傷害	6775	
8 慢性下呼吸道疾病	6238	慢性病・三高相關・抽菸相關
9 腎炎、腎病症候群及腎病變	5470	慢性病
10 慢性肝病及肝硬化	4065	慢性病
19 嚴重特殊傳染性肺炎（COVID-19）	896	

（資料來源：衛生福利部）

III、有效預防及早期診斷

癌症與三高是國人最重要的死亡原因，如何預防、如何早期診斷、早期治療當然是減少死亡最重要的方法。關於癌症的起因以及預防，國人常見的各種癌症，三高的原因以及預防、診斷與治療，我們會在後續的章節陸續討論。

當你準備花錢進行健康檢查，希望找出早期的癌症或是各種器官的疾病時，應該懂得如何運用現代醫學的各種精密儀器及檢查項目，有效且精準的達到預防醫學的目的。

如何預防？

民國 110 年，國人癌症死亡人數為 51656 人，占總死亡人數的 28%，是第二名心臟疾病的 2.4 倍，而這個趨勢還在繼續成長中。然而，不管你如何小心謹慎的生活，都無法完全避免癌症的產生。科學家相信，癌症是一種隨機突變的運氣問題，但是分析公共衛生與各項醫學研究的結果，英國國家癌症研究院認為，**透過生活習慣的改變，有 40% 的癌症是可以避免的**。

除了生活習慣與環境因素外，遺傳到某些特別的基因也可能比較容易得到癌症，例如乳癌的 BRCA 基因[註]。國際癌症研究署（IARC）將下列物質列為一級致癌物，想要避免罹患癌症，首

[註] BRCA1 或 BRCA2 基因的突變皆為「自體顯性遺傳」，與家族性乳癌、卵巢癌症候群有高度相關。

先要遠離這些物質，包括空氣污染、日晒、黃麴毒素、砒霜、石棉、六價鉻、戴奥辛、甲醛以及千百年殘害人類的嗜癮性商品，如菸草、檳榔以及酒精。

B 型及 C 型肝炎已確定與肝癌有關；人類乳突狀病毒引起的子宮頸發炎，則與子宮頸癌相關；胃部幽門桿菌感染則與胃癌有關，所幸這些感染目前都有很好的治療藥物，一旦罹病之後，只要透過妥善與完整的治療，皆能有很高的治癒率。在此之前，施打 B 型肝炎疫苗以及人類乳突狀病毒疫苗，能有效預防感染。

另外，科學家也相信過度肥胖，吃太多的紅肉以及某些特殊的感染，都可能造成癌症產生。所以，**奉行健康飲食的習慣，如少油、少肉，再加上一日五蔬果，控制體重與適度的運動，都有助於避免或減少癌症找上門的機率。**

如何提早發現？

每一個人都知道制敵機先的道理，第一期的癌症經過治療的痊癒率都在九成以上。然而絕大多數的癌症，在早期、甚至在中期、晚期也都沒有症狀，所以要早期發現癌症，只好靠定期的健康檢查。

現在坊間標榜抽血檢驗幾種不同的癌症指數，就可以篩檢出是否罹患癌症，這是一個非常錯誤的做法。許多癌症從發病甚至到死亡，這些指數都不會高。有些醫院推薦透過正子掃描做全身的癌症篩檢，也不是一個正確的做法，因為小於一公分的腫瘤，正子掃描也常常會看不出來，腦部及泌尿道系統也是正子掃描檢查的盲點。

不同器官的癌症要用不同的儀器去檢查：肺癌要靠低劑量電腦斷層；食道癌、胃癌及大腸癌要靠內視鏡檢查；肝癌、胰臟癌、腎臟以及婦科的癌症要靠超音波，或更精準的磁共振或電腦斷層來檢查；乳癌要靠超音波或 X 光攝影；子宮頸癌要靠子宮頸抹片；口腔癌及鼻咽癌要由耳鼻喉醫師檢查。所以，癌症篩檢不是一件簡單的事情，應該事先與你的醫師好好商量，依據各項危險因子的高低做個人化的檢查安排。

篩檢的頻率

癌症的篩檢多久做一次才合理呢？電腦斷層、磁共振及超音波都是昂貴的檢查，因此首先要依據是否有家族病史以及危險因子來做設計，基本上至少兩年一次。但是以肝癌為例，如果本次的檢查已經有一些異常，或是有非常重要的危險因子，例如 B 型或 C 型肝炎，就需要更頻繁的追蹤檢查。

幾歲要開始檢查呢？不同的癌症好發的年齡不同，例如子宮頸癌與乳癌，30 ～ 40 歲就必須開始檢查，肺癌可以在 40 ～ 50 歲後再開始檢查。但是在我照顧過的肺癌病例中，年齡最小的患者是 16 歲。所以如果經濟能力許可，建議愈早檢查愈好。

健康檢查不是愈貴愈好，而是應該事先與你的醫師好好商量，經過仔細安排而為之。器官的功能性檢查應該每半年或一年一次，癌症的各項篩檢可以依據這次檢查的結果，一年到三年再進行追蹤檢查。

LESSON 5

如何趨吉避凶？（二）拒絕被慢性病綁架

在前一個章節中提到過，國人十大死因之首是癌症，也概要的說明，如何有效預防及早期診斷癌症，達到趨吉避凶的目的。十大死因中，除了第三名的肺炎與第七名的事故傷害外，其餘的死因都與慢性病有關。而慢性病中最常見的是三高引起的疾病，包括第二名的心臟疾病、第四名的腦血管疾病、第五名的糖尿病、以及第六名的高血壓性疾病。接下來我們要來談談，在治療三高時，你應該具備哪些基本觀念。

Ⅲ 控制血壓的重要原則

控制血壓的最高指導原則是維持一個「安靜時」的穩定血壓。血壓控制的高低可以因為個人的年齡、過往的紀錄、有無伴隨新陳代謝、心肺或其他器官的疾病等因素，由醫師來做適當的調整。

血壓是固定不變的嗎？

沒有一個人的血壓是固定不變的，當你和女朋友約會的時候，血壓可能會高達 180 毫米汞柱（mmHg），但是回家陪老爸看電視時，血壓卻只剩下 110 mmHg。

血壓與心跳由交感與副交感神經以及內分泌系統控制，會隨著環境與工作的需求而出現變化。所以，醫師會要求你每天固定量兩次血壓，一次是在早上醒來、一次在睡覺前，也就是**以安靜生活時候的血壓為基準**，來管控好你的血壓。

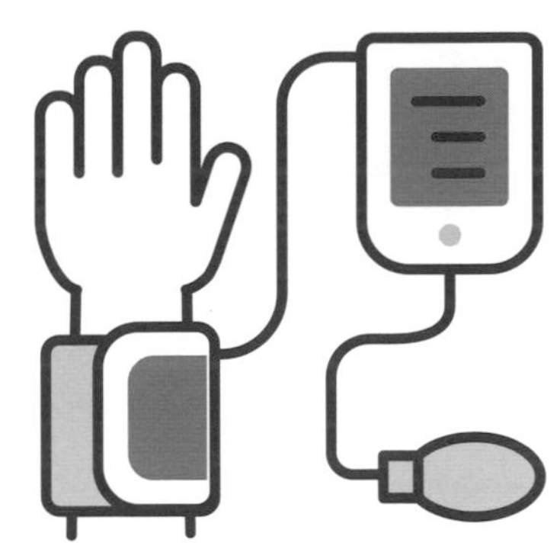

血壓該控制在多少才適當？

醫師會希望你在安靜且平穩的狀態時，血壓能夠控制在：**收縮壓小於 140 mmHg，舒張壓小於 90mmHg**。長期將血壓控制在這個範圍內，可以有效的降低中風以及缺血性心臟病的危險，同時也可以降低由於心血管疾病所引起的老人痴呆、心臟衰竭和死亡。**血壓的控制重點在於長期的穩定性**，不可以採用不定期服用的方式。

降血壓藥一定要一輩子服用嗎？

引起高血壓的危險因子有很多，例如年齡、種族、家族病史、體重過重、缺乏運動、抽菸、吃太多鹽、吃太少鉀、維他命 D 缺乏或是喝太多的酒。當改善這些危險因子的時候，血壓可能回到正常的範圍，這個時候可以停止降血壓的藥。

四 控制血糖的重要原則

血糖的高低會因為食物的攝取、藥物或胰島素的治療產生很大的變化。所以，糖尿病的控制看要長期而不是看一時。糖化血色素可以反應長期血糖控制的情形，應該至少每三個月要檢測一次。

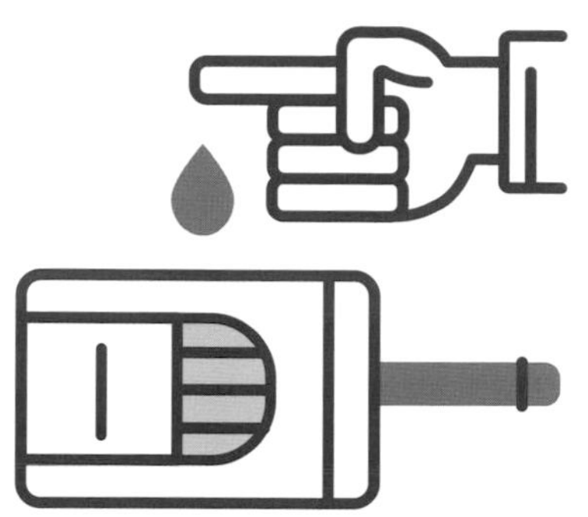

多吃或少吃，血糖會一樣嗎？

吃得多，血糖當然會比較高，但是位在胰臟內的胰島體會隨著血糖的高或低，來分泌多或少的胰島素，一則有效的代謝血糖產生能量，二則維持血糖在一個穩定的濃度。**一般空腹血糖，在 100 mg/dl 以下為佳。**

正常人血液中的血糖濃度，不管你是吃多或吃少都是維持穩定的。然而，第二型糖尿病的患者，由於胰島素的分泌量不足，或是胰島素的使用功能不佳，導致血液中血糖的濃度升高，尤其是在飲食過多的時候。所以，**適當的飲食控制，可以協助的糖尿病的控制。**

打針，還是吃藥？

第一型的糖尿病患者由於胰島體幾乎或完全無法分泌胰島素，所以必須透過皮下注射胰島素來控制血糖，無法藉由口服藥物來刺激胰島素的分泌，或是減少肝臟生成葡萄糖，或小腸吸收葡萄糖，以達到降低血糖的功效。

第二型的糖尿病患者若在經過口服降血糖藥物治療後，仍然無法將血糖控制在一個理想的範圍時，醫師會併用注射胰島素，來達到控制血糖的目的。第二型糖尿病占所有糖尿病的 90% ～ 95%，通常是在 40 歲以後發病，它發病的確實原因至今仍不清楚，一般認為與基因和家族病史有關。**體重過重和飲食習慣也會影響糖尿病發病的機會。**

血糖有無標準數值？何謂糖化血色素？

前面提及，第一型或第二型的糖尿病患者，他們血液中的血糖濃度會因為食物的攝取、口服降血糖藥物以及施打胰島素的劑量而產生不同的變化。一般希望控制飯前的血糖在 90 ～ 130 mg/dl，飯後兩個小時的血糖＜ 180 mg/dl。但是，有時會因為飲食量的多寡而產生很大的變化。

紅血球內的血色素會與血液裡的葡萄糖結合，形成糖化血色素（HbA1c）。由於紅血球平均壽命是三個月，所以檢查糖化血色素，可以推測過去三個月的血糖控制的平均情形。一般希望，**在沒有低血糖發生的情況下，將糖化血色素控制在 7% 以下。**

適當的控制血糖，可以有效的降低糖尿病的併發症，包括心血管疾病、腎臟病、末梢神經病變以及視網膜病變等。

Ⅲ 控制高血脂症的重要原則

除了不當的飲食習慣，一些疾病及遺傳基因的缺陷，都會引起高血脂症。輕微的高血脂症可以先透過飲食控制、運動與減重來改善。治療高血脂症應由醫師診斷是否有相關疾病及危險因子之後，再選擇適合的執行方式。

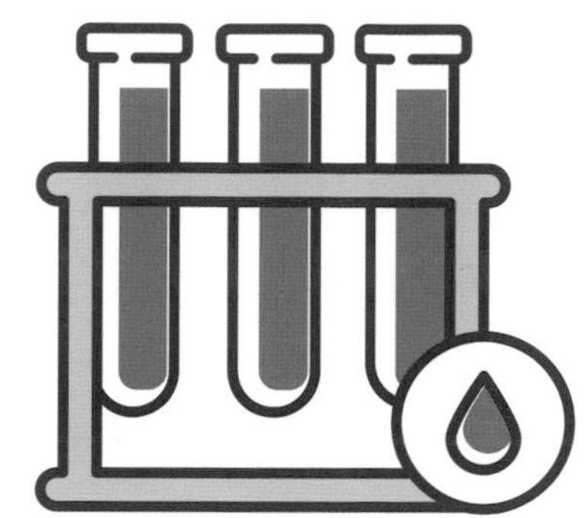

注意飲食，還是會有高血脂症嗎？

高血脂症的原因很多，繼發性高血脂症多與代謝紊亂有關，例如糖尿病、甲狀腺功能低下、肥胖、及肝腎疾病等。但是，原發性高血脂症與遺傳基因缺陷有關。家族性的高血脂症有六種基因型，其中 IIb 與 IV 型的盛行率，高達每一百人中就有一人帶有這樣的遺傳性基因。這也說明了，為何有人年紀輕輕或是嚴格控制飲食，還是有高血脂症。

高密度與低密度脂蛋白膽固醇

從食物中吸收的脂肪是人體的能量來源，也是細胞修護的重要物質。脂肪不能溶解於水，在血液中輸送必須先與蛋白質結合，形成可溶性的脂蛋白，再輸送到各個器官提供使用。脂蛋白依據密度不同可區分為：極低密度（VLDL）、低密度（LDL）、高密度脂蛋白（HDL）。

低密度脂蛋白負責將膽固醇（Cholesterol）由肝臟帶到周邊組織。反之，高密度脂蛋白將周邊組織的膽固醇帶回肝臟代謝。所以，**低密度脂蛋白膽固醇（LDL-C）過高時，引起心血管疾病的風險就愈高；高密度脂蛋白膽固醇（HDL-C）愈高，心血管疾病的機會愈少。**

膽固醇或血脂肪高一定要治療嗎？

高血脂症是動脈硬化的主因，動脈硬化會增加罹患心血管疾病及腦中風的機率。輕微的膽固醇或是三酸甘油酯過高，可以先經由飲食管理與體重控制來改善。

目前對於高血脂症的治療原則為：當三酸甘油酯＞ 200 mg/dl，且總膽固醇與高密度脂蛋白膽固醇的比值＞ 5，或高密度脂蛋白膽固醇的濃度＜ 35mg/dl 時，可以使用藥物治療，但是仍必須同時配合飲食管理與體重控制。

如同前言，我們了解到十大死因中第二名的心臟疾病、第四名的腦血管疾病、第五名的糖尿病以及第六名的高血壓性疾病，都與三高有關。如何預防及有效治三高絕對是避免死亡的重要因素。前文僅先要點式的闡述控制三高的幾個重要原則，在後續的章節中將會更進一步的解說：三高形成的原因、臨床的症狀以及治療的原則與方法。

Chapter

03

談癌可以不用色變

LESSON 6

癌不癌，由不得你嗎？

（一）吸菸的危害

你相信嗎？ 40% 的癌症是可以有效避免的。你知道嗎？因為先天基因異常而罹患癌症的比例是非常少的，**絕大多數的癌症來自後天的生活與飲食習慣不良，或生活與工作環境的汙染**。在這個章節中，我們來談談，在已知的各種危險因子中，哪個環節是造成癌症的最關鍵因素？

癌症的起源

民國 110 年，臺灣人死於癌症的人數達到五萬一千多人，占該年死亡總人數約三成。癌症的可怕在於它「來無影」，但卻能讓你「去無蹤」。

以最常見的肺癌為例，從發現到死亡，平均存活只有一年。我的患者最常問我的問題是：「醫師，我什麼事也沒做，為什麼會得肺癌？」

大多數人都自認是無辜的被癌症纏上，然後死得不明不白！「罹癌」已經是現代人最害怕與悲哀的一件事情。然而依據美國及歐洲的研究，**40% 以上的癌症是可以透過生活與飲食習慣的改變，以及生活與工作環境的污染防治來避免**。

皮膚、呼吸道、胃腸道及人體的多數器官，會因為受傷而進行修護。修護的過程會進行細胞分裂，而每一次的細胞分裂，基因產生自然突變的機會約有十萬分之一。

但如果是在外在的因素，例如輻射線、紫外線、亞硝酸鹽的作用下，突變的機會就會高出許多。基因突變的細胞會產生無法控制的分裂，如果體內的免疫系統無法適時的清除這些異常的細胞，就易形成癌症。

也就是說，生活、飲食習慣及環境的因素，占所有癌症形成的絕大部分的原因。相對的，因為先天基因異常而形成癌症的情形，其實非常少見。

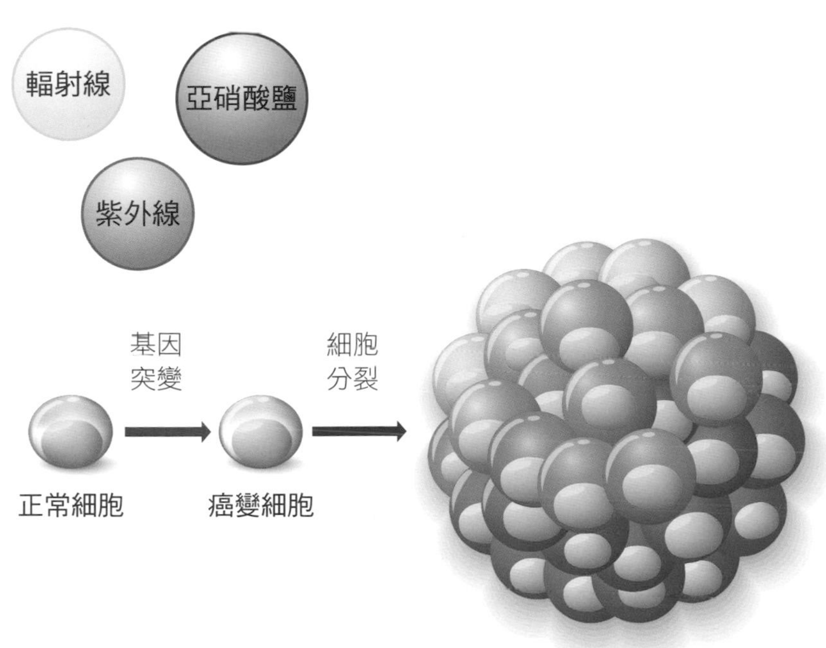

▲ 細胞的基因突變，最終形成惡性腫瘤細胞。

英國癌症研究中心（Cancer Research UK）建議，透過下列的生活飲食改變，來減少癌症的產生，包括杜絕香菸、維持正常的體重、少量飲酒、吃健康及均衡的食物、維持運動、避免一些特殊的感染、安全的享受陽光、避免致癌的工作場域等。這些建議大家可能都相當熟悉，但是箇中原委，大多數的人可能只知其然，不知其所以然。請耐心的繼續閱讀，相信接下來的文章說明，可以幫助你建立起一個更清楚的癌症預防觀念。

導致癌症最主要的原因之一：吸菸

在科學證據上，吸菸導致癌症已經是千真萬確的事情。不幸的是，因為龐大的經濟利益和稅收，沒有一個政府有膽識與魄力關掉境內的任何一家菸草工廠。四分之一的癌症死亡導因於吸菸；所有的癌症，有五分之一都跟吸菸有關。

香菸燃燒後產生的焦油（Tar）含有數十種的致癌物質，其中確定的有苯（Benzene），釙（Polonium-210），苯并芘（Benzopyrene）及亞硝胺（Nitrosamines）。這些物質會直接破壞細胞內的 DNA，造成 DNA 的損毀。同時，焦油內的稀有金屬鉻（Chromium）會與上述的致癌物質結合，加重 DNA 的破壞，砷（Arsenic）與鎳（Nickel）會干擾被破壞的 DNA 的修復。

被破壞的 DNA 造成細胞分裂失去控制，產生癌變細胞。少數的癌變細胞或許可以透過身體的免疫系統去清除，但是長期不停的吸菸所造成的大量、持續性的 DNA 損壞以及癌變細胞，若超過人體可以處理的範圍時，癌症就會產生。

目前已知，至少有 14 種癌症與吸菸有關，其中最主要的是肺癌、口腔癌、食道癌、鼻咽癌、膀胱癌及大腸癌。得到肺癌的機會與吸菸的量成等比級數。吸菸者每天吸 10 支菸，得到肺癌的機會是不吸菸者的 10 倍，20 支菸就是 20 倍。

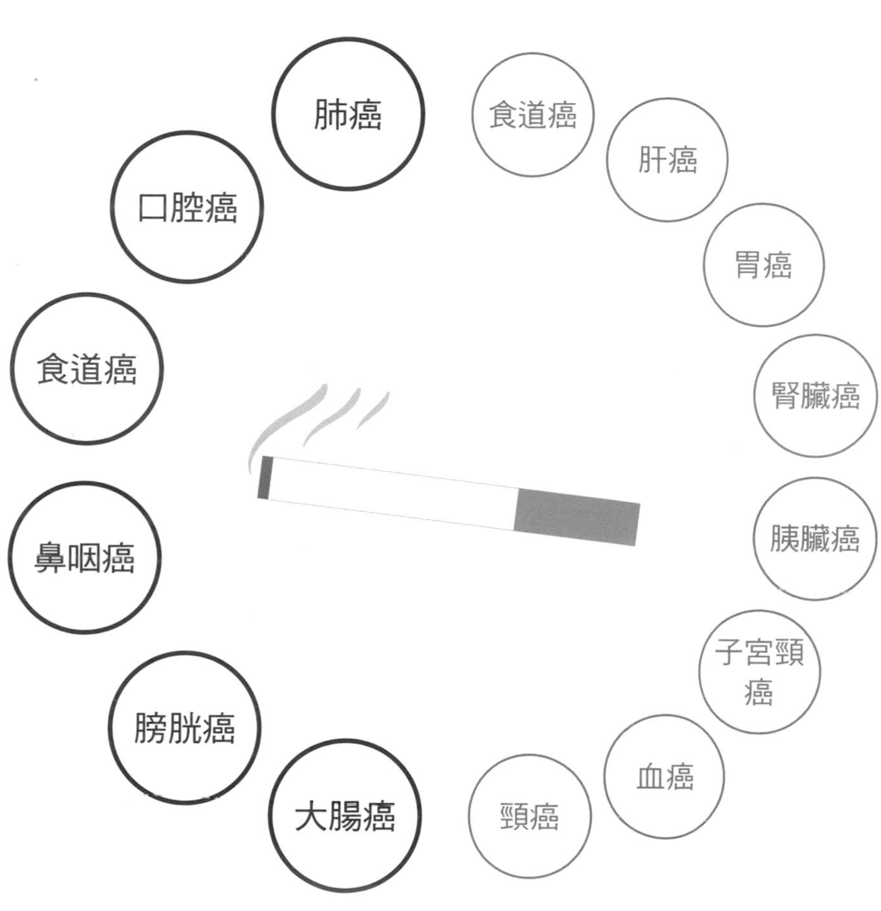

⑪ 吸菸者的其他疾病風險

抽菸也是導致中風與冠狀動脈等心血管疾病，以及慢性支氣管炎與肺氣腫等肺部疾病的元凶。吸菸等於是一種慢性自殺，吸的愈多、吸的愈久，死於香菸的機會就愈高。根據 WHO 的統計，二十世紀有超過十億的人口因為吸菸而死亡。

香菸中的尼古丁（Nicotine）透過類似海洛因（Heroin）或古柯鹼（Cocaine）的作用模式來造成菸癮。尼古丁藉由增加大腦中乙醯膽鹼（Acetylcholine）的濃度來產生提神與減痛的效果，但同時也會刺激腎上腺素及其他賀爾蒙的產生，對身體產生許多不良的作用。

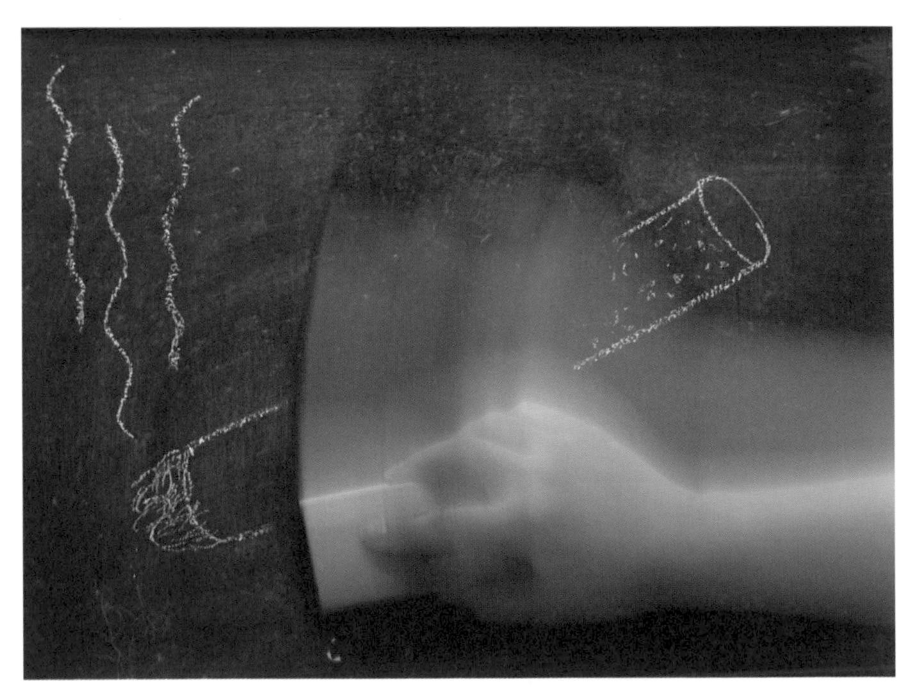

尼古丁成癮後的戒斷要有很大的決心與毅力。目前臨床上，可以藉由尼古丁口含錠、貼片或是吸入劑，來減少尼古丁戒斷後的症狀，達到戒菸的目的。

畢竟，吸菸是花錢卻買來身體傷害的蠢事。同時，二手菸對他人也會產生相同的傷害，所以，對自己或對別人而言都沒有吸菸的道理。

燃燒香菸就等於在燃燒生命，還有燃燒金錢以及全世界的「文明」。政府一方面允許香菸的販售，再抽取稅收，然後利用部分的稅收進行菸害防制，這是一個非常可笑、也是可悲的政策。

國際癌症研究署（IARC）早已將香菸列為第一級的致癌物。當我們每天在批判空汙，竭盡心力、耗費鉅資進行空汙防治時，更應該認清「菸害防制、人人有責」，而且菸害遠比空汙更嚴重。除了自己不要抽菸外，應該努力規勸身邊抽菸的親朋好友立即戒菸，才能遠離疾病，永保身體健康。

LESSON 7

癌不癌，由不得你嗎？

（二）病毒感染

大約在 46 ～ 50 億年前，由原始太陽星雲的部分物質構成地球，之後的 5 ～ 10 億年，開始孕育了生命中的重要遺傳物質「DNA」以及製造蛋白的密碼「RNA」。

推測在 35 億年前，地球出現了所有生命的共同祖先「原核生物」，此單一細胞開始進行迅速的演化，各種生物於是不斷的出現或被淘汰。然而，人類的祖先直到 250 萬年前才開始出現。

此時，DNA 與 RNA 病毒已經跟各種生物共存了幾十億年，當然也會跟人類共存並一起生活。病毒利用感染與侵入各種生物體的細胞來達到複製與繁殖的目的。對人類而言，最典型、也最熟悉的例子，就是流行性感冒病毒感染。

⓵ 病毒與癌症的因果糾纏

早在 1950 年代，科學家便發現當病毒感染細胞時，會移除或崁入基因到被感染的細胞裡面，造成被感染細胞的癌化病變。2002 年，WHO 估計人類的癌症，大約有 18% 是由於病毒感染所造成，其中大部分（12%）與下列七種病毒有關，包括：

一、臺灣人最熟悉的**B型與C型肝炎病毒**（Hepatitis B Virus, Hepatitis C Virus）與肝癌有關。

二、**人類乳突狀病毒**（Human Papillomavirus）與子宮頸癌有關。

三、**第四型人類皰疹病毒**（Epstein-Barr Virus，又稱EB病毒）與淋巴癌、鼻咽癌有關。

四、**人類嗜T淋巴球病毒**（Human T-lymphotropic Virus）與T細胞血癌有關。

五、**卡波西氏肉瘤相關皰疹病毒**（Kaposi's Sarcoma-associated Herpes Virus）與卡波西氏癌有關。

六、**默克細胞多瘤病毒**（Merkel Cell Polyomavirus）與默克氏細胞癌有關。

病毒感染造成細胞癌化，通常是經由下列兩個機轉：

一、有些病毒本身就帶有非常活躍的**致癌基因**（Oncogene）。當它感染細胞時，直接將這樣的基因坎入被感染細胞的基因體內，造成細胞癌化。這種方式產生的癌症速度非常快，例如卡波西氏病毒引起的卡波西氏癌。不過，臨床上比較少癌症是透過這種機轉產生。

二、有些宿主本身的細胞就帶有**原致癌基因**（Proto-oncogene）。當病毒感染時，會在細胞內崁入一段促進基因體（Promoter），造成被感染細胞的原致癌基因發生轉化或是過度表現，在很長一段時間之後造成癌化現象。臨床上看到的癌症，大多是透過這個機轉產生，它產生的速度比較緩慢。B型與C型肝炎病毒引起的肝癌，就是利用這個機轉。

Ⅲ 臺灣最常見的兩種癌症

肝癌與子宮頸癌是臺灣常見的兩種癌症，它們都是因為身體的器官先受到病毒的「慢性感染」。當感染反覆發作，造成細胞與組織的破壞；為了修復受損的組織，細胞開始進行分裂、增生。不幸的是，在這個過程，因為上述的癌變機轉產生了癌症。

肝炎病毒（Hepatitis B, C Virus）與肝癌

肝炎曾經被喻為臺灣的國病。B 型與 C 型肝炎病毒都會引起慢性的肝臟感染，最終導致肝硬化、甚至肝癌。肝癌是臺灣最常見的癌症之一，估計每年大約有 0.47% 的 B 型肝炎以及 1.4% 的 C 型肝炎患者罹患肝癌。罹患慢性 B 型與 C 型肝炎的患者，必須定期、長期的追蹤肝臟超音波，來偵測是否產生肝癌。

值得注意的是，具有下列特徵的 B 型肝炎患者，似乎有比較高的機會產生肝癌，包括（一）、**男性患者；（二）、有抽菸或喝酒的習慣；（三）、血液中 B 型肝炎病毒 DNA 或是胎兒蛋白（AFP）濃度較高。**

B 型肝炎引起的肝癌預後通常不好，平均存活期只有 16 個月。確診後，平均活過一年的機會只有 36 ～ 67%，活過 5 年的機會只有 15 ～ 26%。年齡愈大，肝功能愈差，具有血管侵犯或遠端轉移的患者，存活的時間愈短。

至於 C 型肝炎患者，在感染的早期通常沒有什麼症狀，導致早期診斷與治療的困難。一部分的病患感染 C 型肝炎後會自然痊癒，但是大多數的患者會變成慢性肝炎與肝硬化，最後轉成肝癌。

在 B 型與 C 型肝炎盛行率超高的臺灣，定期追蹤與檢查病毒性肝炎，似乎是預防肝癌的重要方法。B 型肝炎疫苗是第一支被允許上市的癌症預防疫苗，臺灣於民國 80 年初開始進行 B 型肝炎疫苗施打，經過二十多年，非常有效的減少 B 型肝炎的盛行率，進而減少肝癌的產生。C 型肝炎則至今仍然沒有疫苗。

B 型肝炎肝癌

- 男性
- 抽菸或喝酒習慣
- 病毒 DNA 或胎兒蛋白濃度較高
- 平均存活期為 16 個月
- B 型肝炎患者可施打 B 型肝炎疫苗

C 型肝炎肝癌

- 早期較無症狀，診斷與治療較困難
- 多數患者會變慢性肝炎與肝硬化，最後轉為癌症
- 無疫苗可施打

人類乳突病毒（Human Papilloma Virus, HPV）與子宮頸癌

人類乳突狀病毒（HPV）透過皮膚與皮膚的接觸，感染皮膚以及體腔的襯裡細胞（Lining Cells，披覆在器官腔表層的細胞），有時候會在感染的位置產生疣，但是絕大多數的感染沒有症狀。感染的位置通常位在手指、口腔及生殖系統。

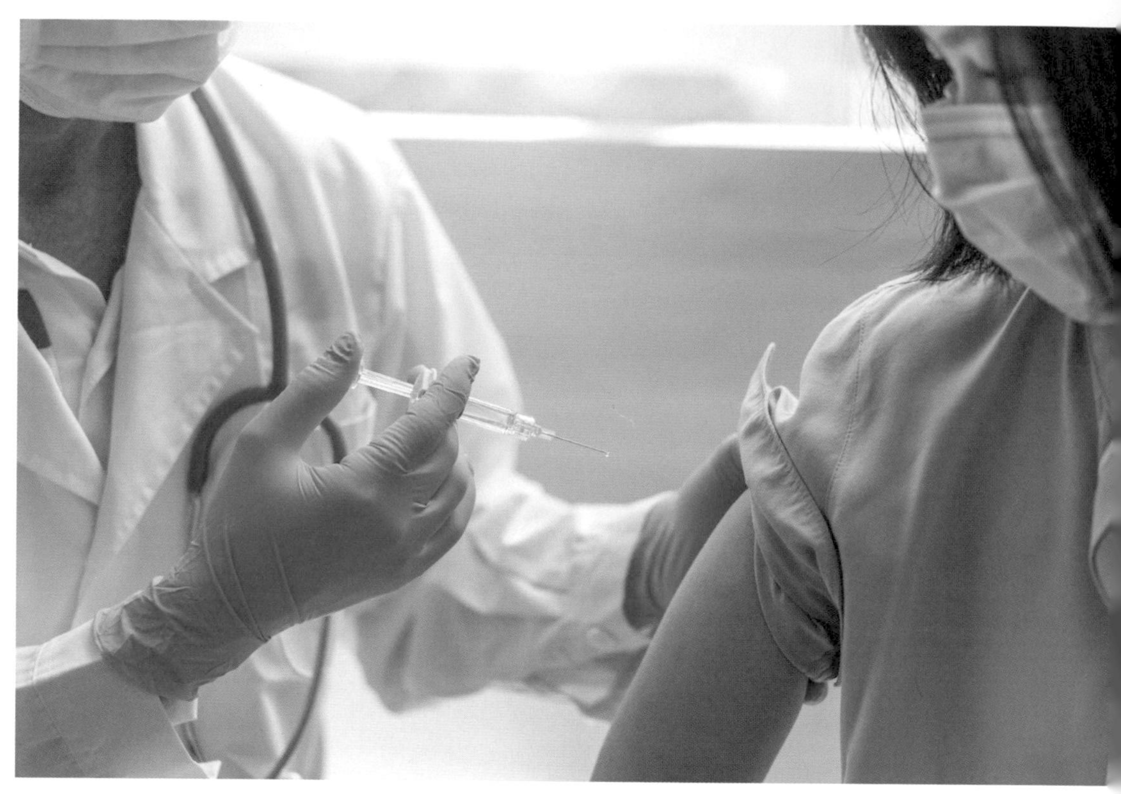

HPV 有好幾百種，跟癌症相關的大約有 13 種，反覆與持續性的感染這 13 種病毒，最終將造成細胞內 DNA 的破壞而導致癌症。子宮頸為 HPV 感染後致癌最常見的器官，但是 HPV 也可以發生在其他的生殖器官，例如陰道、陰唇、陰莖及肛門，有些案例會發生在口腔及咽喉。

子宮頸癌是臺灣婦女常見的癌症之一。根據衛生福利部的資料，民國 107 年有 1433 人罹患子宮頸癌，民國 110 年有 608 人死於子宮頸癌。2006 年，美國食品藥物管理局通過人類乳突狀病毒疫苗上市，臺灣衛生福利部立即在同一年也正式通過這個癌症預防疫苗上市使用。

目前臺灣有兩種子宮頸癌預防疫苗可供施打：嘉喜（GARDASIL® , MSD）與寶蓓（CERVARIX® , GSK），可依醫師指示用於 9 ～ 26 歲的女性，能有效的預防由疫苗所涵蓋之病毒型所引起的感染，以及相關的癌症與癌前期病變。

臺灣於民國 80 年初開始施打 B 型肝炎疫苗，並且由政府與醫界聯手展開全國性的 B 型肝炎篩檢與防治工作，因此肝癌死亡的人數逐年的減少。除此之外，臺灣政府長期推動子宮頸抹片檢查，早期發現、早期治療，因此子宮頸癌死亡的人數同樣逐年下降，未來加上疫苗的效果，相信成績會更好。關於病毒與癌症的因果關係，後面的章節會有更詳細的說明。

LESSON 8

癌不癌，由不得你嗎？
（三）吃什麼、喝什麼，大有關係

英國國家癌症研究院的網站上有一份報告：「健康平衡的飲食須含充分的纖維、水果和蔬菜，並減少紅肉、加工食品和鹽分的攝取。**這樣的均衡飲食可以減少十分之一的癌症**，並且能讓你維持健康的體重，有效的減少三高（高血壓、高血糖、高血脂症）的發生率。」

看來，「禍，不是只有從口出；禍，也是從口入。」

飲食與癌症的因果糾纏

在物質匱乏的年代，想要每天大口吃肉、大口喝酒是不可能的事情，現在卻是稀鬆平常。以前的人沒飯吃，所以餓死；現在人吃太多，所以害死自己。食物中的紅肉、加工食品和鹽分確定會增加罹患癌症的機會。相反的，水果、蔬菜和高纖食物可以減少癌症的產生。

有些研究顯示，少量飲酒有益身體的健康，但是大家都知道飲酒過量會戕害身體，科學家也證明酒精與癌症的產生確實有關係。接下來要進一步討論食物與癌症的因果關係，以及如何喝酒，才能讓身體得到好處，而不是毒害自己，摧毀健康。

與不當飲食有關的癌症

許多醫學研究報告顯示，食用過多的紅肉、加工食品或者鹽分會增加罹患**大腸癌**、**食道癌**、**胃癌**、**口腔癌**，甚至**肺癌**或**咽喉癌**的機率。

紅肉包括：新鮮的、絞碎的或冷凍的牛肉、豬肉和羊肉；肉類加工製品包括：香腸、臘肉、培根、火腿或鴨賞等經過加工的保存肉類。至於白肉，例如雞肉，似乎與增加罹癌的機會無關。

紅肉引起癌症的可能機轉

科學家認為肉品的天然成分——血色素（Heme），可能是導致癌症的一個重要物質。血色素本身或是血色素經過腸內細菌處理後產生的有害物質，會傷害腸內細胞，造成 DNA 的損壞，進而產生癌細胞。紅肉比白肉含有更多的血色素，這也部分說明，為何嗜食紅肉比白肉有更高的罹癌機率。

加工保存的肉類引起癌症的可能機轉

硝酸鹽（Nitrates）是最常被用來處理和保存肉品的化學物質，它在腸內會被轉化成致癌的化學物質「氮－亞硝基化合物」（N-nitroso Compounds, NOCs），引起腸內細胞的癌症病變。

另外，當高溫火烤或是烹煮肉類時，會產生致癌的化學物質：雜環胺（Heterocyclic Amines, HCAs）和多環胺（Polycyclic Amines, PCAs），吃進這些致癌的物質，會破壞消化道的黏膜細胞，引起癌症。

鹽和癌症的關係

科學家發現吃太多的鹽或是高鹽的食物，產生胃癌的機會增高，因為鹽會破壞胃壁的黏膜細胞造成發炎，直接導致、或因為發炎使得胃壁黏膜細胞更容易受到致癌物質的傷害，進而導致癌症的產生。

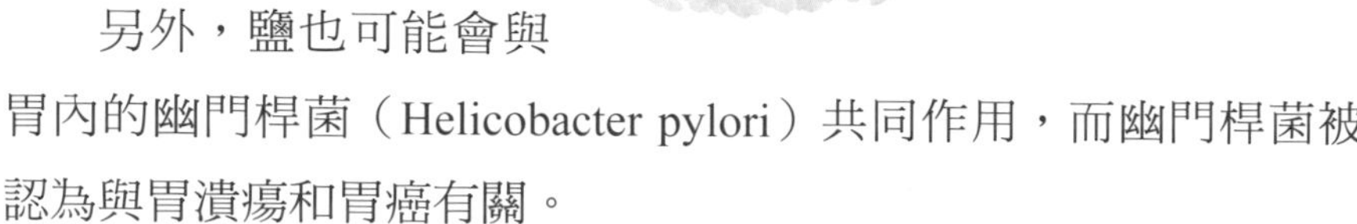

另外，鹽也可能會與胃內的幽門桿菌（Helicobacter pylori）共同作用，而幽門桿菌被認為與胃潰瘍和胃癌有關。

多吃蔬果能減少罹癌的機會？

英國的科學家認為，二十分之一癌症導因於蔬菜與水果的攝取量不足。他們認為多攝取蔬菜水果可以降低許多種癌症的機率，例如胃癌、食道癌、口腔癌、肺癌與喉癌。

蔬菜和水果含有許多重要的營養素，例如類胡蘿蔔素、葉酸、維他命 C 和 E、硒、黃酮類化合物……等及纖維，可以協助移除食物或胃腸道中可能破壞 DNA 的化學物質，保護 DNA 不被破壞或是協助 DNA 的修復，以及阻斷致癌性化學物質的形成。

酒與癌症

先不論酒的種類，酒精本身就是引起癌症的原因。英國的科學家認為，**至少有 4% 的癌症起因於飲酒**。如何避免酒精引起癌症，其實沒有明確的安全飲用量，科學家的研究認為，每天喝超過一品脫（568ml）的紅酒，就會大幅提高口腔癌、咽喉癌、食道癌、肝癌、乳癌和大腸癌的機會。

酒精，也就是乙醇（Ethanol）在人體內會被代謝轉化成有毒的化學物質乙醛（Acetaldehyde），乙醛會破壞 DNA 且阻斷細胞的自我修護功能。它會使得肝細胞的增生變快並且破壞肝細胞，這可能與導致肝癌有關。

另外，乙醛會使雌激素（Estrogen）的濃度增加，這可能與增加乳癌的風險有關。再者，酒精會增加體內的活性含氧物（Reactive Oxygen Species）的濃度，這些高活化性的物質會破壞 DNA，造成癌症的產生。

怎麼樣才算適量飲酒？

不當的飲食習慣不僅會引起三高，還有可能會導致癌症的產生，肉類的再製品以及酒精的代謝物「乙醛」，已經被國際癌症研究署（IARC）列為一級致癌物，甚至鹽分的過度攝取都可能與胃癌有關。

雖然，肉類與鹽是身體所需的重要營養物質，但是，一般人還是應該盡量減少紅肉及加工肉品的攝取，每週的紅肉攝取量應該少於 510 公克（18 盎司），不吃或盡量少吃加工類肉品。吃肉的時候如果能夠同時攝取大量的蔬菜，可以協助或移除腸胃道中可能破壞 DNA 的致癌物質，將有助於減少癌症的產生。

另外，正常人鹽類的攝取也應該盡量控制在每日 6 公克以下。不喝酒對身體沒有任何壞處，若是你認同每日小量飲用紅酒可以預防心臟血管疾病，也請把每日的攝取量控制在 100 ml 以內。

LESSON 9

癌不癌，由不得你嗎？

（四）肥胖是百病之源

肥胖不僅是三高（高血壓、高血脂、高血糖）的危險因子，同時也會提高罹癌的風險。流行病學的研究顯示，肥胖會增加罹患下列癌症的機會，包括更年期後的乳癌、大腸癌、子宮癌、食道癌、胃癌、胰臟癌、腎臟癌及肝癌。英國國家癌症研究院撰文認為，**每 20 個癌症患者中，就有 1 個跟肥胖相關**。

肥胖與癌症的因果

為何肥胖會提高癌症的風險？至今原因仍然不是非常明確。不過，下列三點可以證實兩者之間的相關密切。

一、醫學研究顯示，當體內存有過多的脂肪時，**脂肪細胞會製造不必要的賀爾蒙以及發炎蛋白**，例如生長因子。這些物質會隨著血液循環，進入人體各個重要的器官，造成細胞的傷害，進而產生基因突變導致癌症。

二、肥胖時，**體內過多的脂肪也會影響性賀爾蒙**，例如雌激素或睪固酮（Testosterone）的濃度。性賀爾蒙的濃度異常被認為與癌症的形成相關。

三、胰島素是體內代謝糖分非常重要的賀爾蒙，肥胖的人體內會呈現過多的胰島素。雖然目前對於胰島素增高導致癌症產生的機轉不是很清楚，但是一些醫學研究顯示，**胰島素的增高的確和許多癌症相關**。

肥胖都是父母的錯？

肥胖的原因其實非常簡單，就是經由食物攝取的卡路里多於身體實際的需要，多餘的能量轉換為脂肪，囤積在體內的皮層下方甚至器官內，對身體產生各種不同程度的傷害。這種卡路里不平衡的原因，部分來自遺傳的基因或是環境的因素，但是**多數是和個人的飲食習慣和食物選擇不良有關**。除此之外，一些肥胖是導因於藥物的副作用，例如類固醇或是疾病的病徵。

運動有助於減少罹癌機率

適度的運動對身心的幫助幾乎是所有人的共識。醫學研究更證實，運動可以減少女性的癌症，如乳癌，子宮頸癌以及大腸癌。運動可以減少罹患癌症可能有下列幾個原因：

一、**降低血液中雌激素濃度**。研究發現，適度的運動可以有效的降低女性血液中的雌激素濃度，而雌激素的不當分泌或是處方使用，被認為與乳癌及子宮癌有關。

二、**降低體內胰島素濃度**。運動也被認為可以協助調控人體內胰島素至適當的濃度。由於胰島素可以傳遞細胞分裂的訊息，引導細胞分裂與複製，過多的胰島素可能引發不當的訊息傳遞，導致細胞過度分裂，甚至癌症的變化。

三、**移除體內過多的發炎激素**。當身體遇到外來的傷害或是感染時，會增生發炎細胞或分泌發炎激素進行對抗或修繕。可是，當這些發炎激素分泌過多時，反而會造成細胞的傷害或是細胞分生過度，增加細胞突變及癌細胞產生的機會，最後造成癌症的產生。

四、**運動可以有效的協助胃腸道的蠕動，減少食物在胃腸道停留的時間**。食物或消化後產物經常帶有導致癌症的物質，例如攝取過量的酒精或紅肉。讓這些致癌物質更快速的離開腸道、排出體內，可以有效的減少腸道癌症的產生。

「控制體重與規律運動」的好處大家都懂得、但卻難以確實持續執行。若能以「均衡與適量的飲食」加上「持續與適度的運動」，不僅可以維持良好的健康，更是最具效益的防癌方法。

LESSON 10

令人聞風喪膽的第一名 肺癌

癌症長期居國人十大死因的第一名，以民國 110 年國人十大死因的資料分析來看，癌症的死亡人數（51656 人）為第二大死因——心臟疾病（21852 人）的 2.4 倍。其中，肺癌是國人最常見的癌症死亡病因。在這個章節中將分析肺癌在十年間的變化，以及如何透過篩檢發現病灶。

近十年的流行病學變化

民國 105 年，臺灣罹患肺癌的人數為 13488 人，與十年前的 9059 人相比，增加了 49%；其中男性增加 29%，但是女性足足增加了 84%。另外，與十年前相比，男性與女性罹患肺癌的年齡都降低了三歲。

從癌細胞的種類來看，肺腺癌的比例快速的增加。十年來，男性肺腺癌的占比增加了 10%，女性則增加了 14.4%。因此，從民國 106 年的統計資料來看，女性如果得到肺癌，有 85.6% 是肺腺癌，男性則只有 54.8%。

男性的肺癌比較多的比例是屬於鱗狀細胞肺癌或小細胞肺癌，這兩類肺癌與抽菸的習慣息息相關，因為男性抽菸的人口比例是女性的十倍，所以罹患這兩類的肺癌比例較女性多。

最令人擔心的是，女性罹患肺癌的人數快速的增加，而且癌細胞的種類以肺腺癌為主，這些患者絕大多數從來不抽菸。肺癌形成的原因到現在還不清楚，科學家正在努力找出環境因素或（與）生活習慣的致癌因子。不過，仍有部分已經由科學家確認的致病因子，值得我們注意，如下列四項：

吸菸

在前面的章節中曾提到，**根據科學研究的結果，估計有四分之一的癌症導因於吸菸，主要因為香菸燃燒後產生的焦油（Tar）含有數十種的致癌物質**。

這些物質會直接破壞細胞內的 DNA，造成 DNA 的損毀。焦油內的稀有金屬鉻會與上述的致癌物質結合，加重 DNA 的破壞，砷與鎳會干擾被破壞的 DNA 的修復。

由於被破壞的 DNA 讓細胞分裂失去控制，因此產生了癌細胞。

空氣污染

2013 年，國際癌症研究署（International Agency for Research on Cancer, IARC）將懸浮粒子（Particulate Matter, PM）列為人類致癌物，並指出其為造成癌症死亡主要環境因素之一。

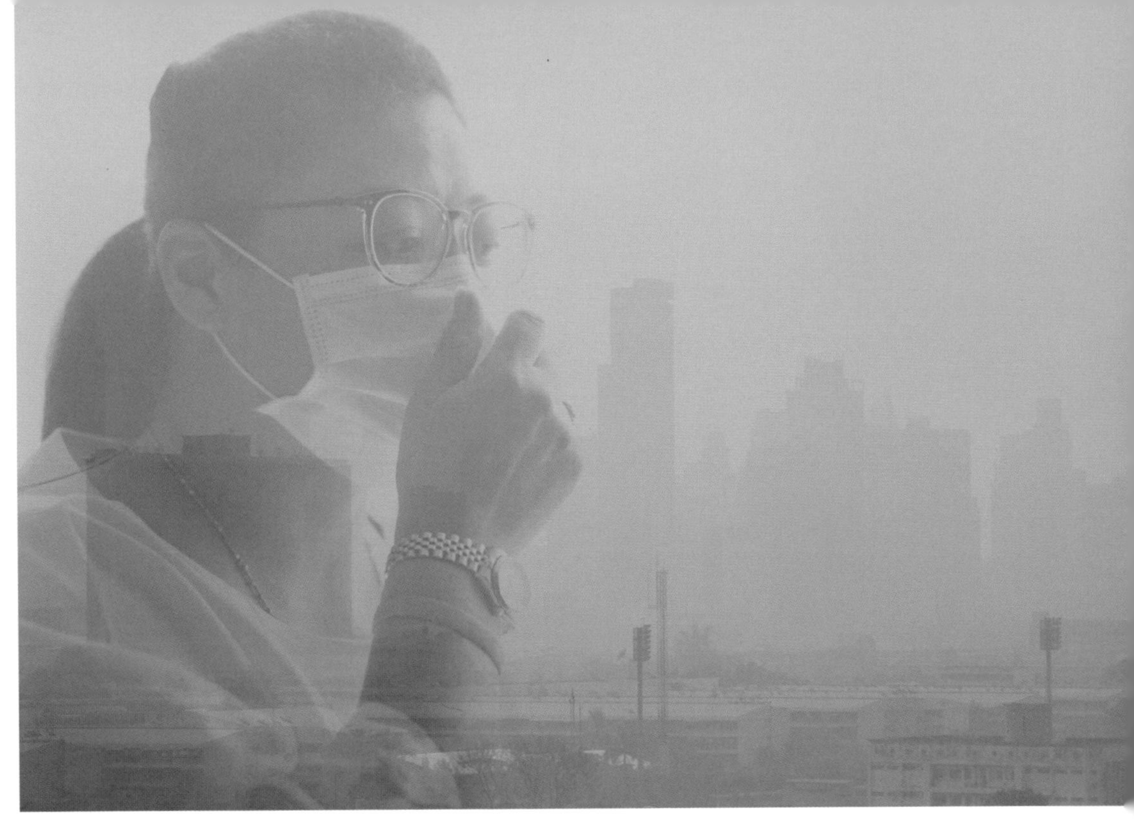

其他環境因素

一、**長期暴露於氡氣**，被認為是肺癌的另外一個重要的致病因素。氡是環境中的一種天然放射性氣體，來自於土壤或岩石內的鈾的自然分解。

二、**因工作或生活暴露於石棉纖維**，例如鋼廠、紡織廠與拆船場內。石棉常被用來當絕緣與隔音的材料，石棉瓦過去曾是臺灣重要的建築材料，拿來當屋頂或牆面的材料。

三、**暴露於工作場域內的其他致癌因子**，例如鈾；或吸入化學或礦物質，例如砷、鈹、鎘、氯乙烯等；或吸入已被確認與產生肺癌有關的柴油廢氣。

其他個人因素

下面二個狀況也被認為有增加肺癌的風險：

一、**曾經接受肺部放射治療**。

二、**個人或家族有肺癌病史**。臺灣研究團隊的流行病學調查發現，一等親有肺癌病例、有肺結核病史、吸二手菸、廚房沒有使用抽油煙機等，都是不吸菸女性得到肺癌的環境危險因子。科學研究也發現：第五號染色體的 TERT 基因位點、第三號染色體的 TP63 基因位點、第十號染色體的 VTI1A 變異、第六號染色體 HLA class II 變異與不吸菸患者的肺癌產生有關。

Ⅲ 如何篩檢肺癌？

超過八成的肺癌被診斷出時，都已經進入了第四期，主要的原因是因為早期的肺癌通常都沒有什麼症狀，尤其是肺腺癌長在肺葉內，不像鱗狀細胞癌通常長在支氣管管內，比較會引起咳嗽或者是咳血的症狀。

肺部是一個沉默的器官，負責換氣、呼吸，不會感到疼痛。當肺腺癌長得太大的時候，才會侵犯到鄰近的支氣管，引起咳嗽或咳血，壓迫到縱隔腔或是胸腔內重要的器官，例如：壓迫到返咽神經，引起聲音沙啞；壓迫到上腔靜脈，引起臉部水腫；或是轉移到肋骨，引起胸痛；轉移到肋膜，引起肋膜積水，進而造成呼吸困難等症狀。

想要診斷出早期的肺癌，必須得靠定期的健康檢查。但是，一般的胸部 X 光檢查有很大的局限，小於一公分的腫瘤或者是藏在縱隔腔內，或是閃躲在心臟後面或大血管旁的腫瘤，在一般的 X 光檢查中就不容易發現。

一般胸部 X 光片檢查

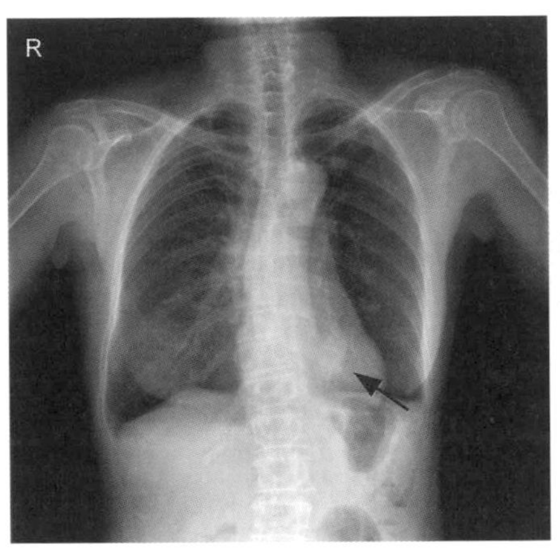

胸部電腦斷層檢查

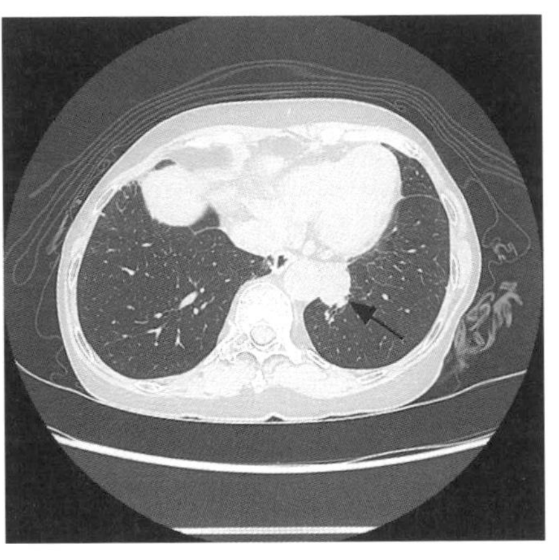

▲ 藏在心臟後方的 1 公分肺腺癌，在一般胸部 X 光片檢查不容易判讀出來，但是在胸部電腦斷層檢查就非常清楚。

「低劑量電腦斷層」是目前敏感度與特異性最好的肺癌篩檢的方法。這項檢查需要自費，不過也不是一次的檢查就可以永久確保無恙。

如果數千元的花費能夠找到早期的癌症，早期切除治療，則有較高的機會痊癒。胸腔科專科醫師則建議每兩到三年做一次低劑量電腦斷層篩檢，是一個安全又有效的方法。

民國 111 年 6 月，衛福部公布民國 110 年國人十大死因，癌症繼續蟬聯 40 年來的榜首，致死人數高達 51656 人，占總死亡人數 28%。而且，其中最致命的肺癌連續 18 年蟬聯的第一名。

根據世界衛生組織（WHO）在 2018 年公布的資料，顯示臺灣肺癌發生率高居世界第 15 名，在亞洲僅次於北韓，排名第二，而且如果只看女性的肺癌發生率，臺灣則排名世界第八。

如同前文所述，女性肺腺癌在過去十年快速的增加，如何預防肺癌的產生成為一個重要的議題，除了盡量避免暴露於上述的危險因子之外，定期採用低劑量電腦斷層攝影檢查，是早期診斷、早期治療肺癌的不二法則。

LESSON 11

未來可期的新曙光

免疫治療

人類對癌症治療痊癒的追求絕對不會停止，從傳統的外科手術、化學治療、放射治療，甚至所謂的民俗治療、飢餓治療等，新的治療方法不斷的被研發與挑戰。癌症免疫治療是最近十年內相對成功而且有效的治療方式，目前已經應用於臨床的治療方法包括：（一）、免疫檢查點抑制劑（Immune Check Point Inhibitor）；（二）、自體免疫細胞治療（Immune Cell Therapy）；（三）、CAR-T 細胞治療。癌症的免疫治療是一種全新、發展中的治療模式，它們的費用相對昂貴，而且不是適用於每一種癌症。當患者考慮採用這些治療的方式時，應該先諮詢具有這類治療經驗的醫師。

產生癌細胞的主要原因

人體的組織器官受到傷害時會進行修復，最典型的例子就是 B 型肝炎。當肝炎病毒侵入肝細胞引起肝細胞壞死時，肝細胞會進行再生與分裂。然而在每一次細胞的 DNA 複製、分裂、新生的過程，都有可能產生基因突變。

當基因突變造成細胞分裂新生無法控制，就變成所謂的腫瘤細胞。要是腫瘤侵犯局部正常的器官或具有遠端轉移的特質時，就是令人聞之色變的「癌症」了。

先天性免疫

由於人體經常暴露於外界環境中的各種傷害，例如空氣中或食物中的各種有害物質。組織與器官的細胞在受傷後會進行修復，修復的過程中會進行細胞分裂產生新的細胞。然而，在此過程中，偶爾會意外的產生基因突變的異常細胞。通常突變的細胞都會自然凋亡，或是由人體的免疫細胞清除，極少數的突變細胞具有不斷分裂的能力，甚至沿著血液、淋巴系統到處轉移。

血液與淋巴系統是人體主要的免疫系統，這兩種系統具有各種免疫細胞循環全身，負責執行病原體感染或毒物入侵時的免疫反應。當上述的異常細胞產生時，在血流中巡弋的自然殺手細胞（Nature Killer Cells）與吞噬細胞（Phagocytic Cells）會找到並處死這些異常細胞。這是人體針對癌變細胞的初級免疫反應，稱為**先天性免疫**（Innate Immunity）。

先天性免疫不具有某一種癌細胞的特異性，這樣的免疫反應對體內的各種異常細胞（癌細胞）擁有一定程度的殺傷力。在多數的狀況下，它們可以順利完成清除異常細胞的任務，但是當它們失敗時，便意謂著腫瘤、甚至癌症的產生。

適應性免疫

當癌細胞被上述免疫細胞殺死後，部分被分解的細胞碎片（通常是蛋白或脂蛋白）就會成為代表該癌的癌抗原，接著**人體就會啟動哺乳類動物特有的適應性免疫**（Adaptive Immunity），由抗原呈遞細胞——樹突細胞（Dendritic Cells, DC）負責吞噬並處理這些癌抗原，再將它（們）傳遞給附近的 T 細胞。攜帶癌抗原的 T 細胞回流到附近的淋巴系統，再由輔助 T 細胞（Helper T Cells）分泌細胞激素，活化、刺激並大量增生具有該癌抗原特異性的細胞毒性 T 細胞（Cytotoxic T Cells）。接下來，這些細胞毒性 T 細胞便巡弋全身，尋找具有這些抗原的癌細胞，將它們逐一消滅。

適應性免疫具有抗原特異性。換言之，每一種特定株細胞毒性 T 細胞只對具有該種癌抗原的癌細胞有殺傷力，是人體對抗腫瘤或癌症生成的重要武器。然而道高一尺，魔高一丈，有些癌細胞會產生一些特殊的蛋白，偽裝起來欺騙免疫細胞。或是，剛好有些突變的位置點讓其失去免疫的辨識，讓細胞毒性 T 細胞無法去消滅他們。

Ⅲ 癌症治療的兩次重大革命

再完美的防禦系統都有失敗的時候，有一些聰明的癌細胞成功的躲過上述的兩道免疫防禦系統，形成致命的癌症。在過去，癌症的治療都以具有細胞毒性的化學藥物或放射治療為主，這些治療方式會同時傷害正常的細胞，副作用很大而且效果有限，直到十多年前標靶藥物的發明，才真正的啟動了所謂的「精準醫療」。

基本上，**標靶藥物可以有效的抑制癌細胞的「驅動突變」（Driver Mutation）基因，阻止癌細胞的分裂**。透過對癌細胞的基因檢測，找出癌驅動突變的基因點，再給予抑制該基因點的標靶藥物，這樣的治療方法可以有效的治療多種癌症，例如肺癌、乳癌、血癌等，這是癌症治療的第一次重大革命。

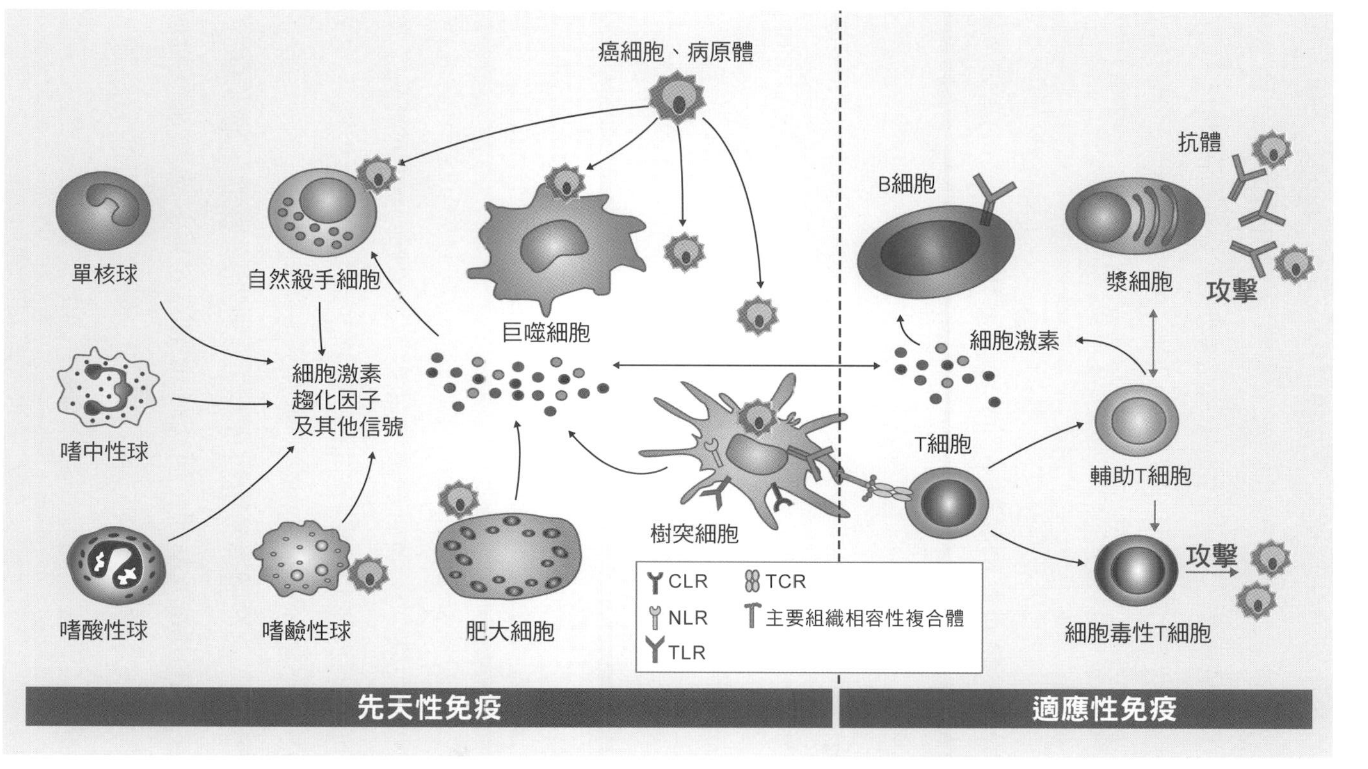

Prof. TCY Tsao, Modified from Sem Immuno 34 (2017) 3–24

▲ 先天性免疫與適應性免疫的分工與任務。

最近幾年方興未艾的免疫治療（Immunotherapy）則是癌症治療的第二次革命。過去幾十年來，醫界一直相信透過誘發、改變或強化某些特異的免疫功能，可以治療或至少控制癌症，可惜大多數的臨床試驗都以失敗收場。接下來，我們只針對兩種目前比較確定療效的免疫治療進行介紹：

一、**免疫檢查點抑制劑**（Immune Checkpoint Inhibitors）

二、**免疫細胞治療**

① 免疫檢查點抑制劑

2018 年的兩位諾貝爾醫學獎得主：美國免疫學家詹姆士・艾立遜（James P. Allison）和日本免疫學家本庶佑（Tasuku Honjo）因為分別找到癌細胞與免疫細胞兩者間的兩個重要的免疫檢查點而獲獎。

簡單的說，當人體產生癌症時，透過適應性免疫反應，「理論上」，體內應該生產出許多針對該癌具有特異性的細胞毒性 T 細胞，這些細胞應該有足夠的能力滅絕、或至少抑制癌症的發展。然而，癌細胞也不是省油的燈，它們發展出一套獨特的方法來躲避這些 T 細胞的追殺。

如前述，當身體進行適應性免疫反應時，樹突細胞（DC）負責把癌抗原傳遞給 T 細胞，製造大量具有該癌抗原特異的細胞毒性 T 細胞，當 DC 與 T 細胞進行免疫反應時，為了避免錯誤，彼此必須透過三套檢查點驗證身分：

一、**主要組織相容性複合體**（Major Histocompatibility Complex, MHC）：辨識為同一個體。

二、**接收器 B7 與 CD28**：確認 DC 與 T 細胞的身分。

三、**蛋白接收器 PD-L1 與 PD-1**。

通過檢驗之後，才啟動並激活接續的細胞免疫反應來殺死癌細胞。因此，癌細胞透過在細胞表層偽造 PD-L1，來喬裝成抗原呈遞細胞（樹突細胞）；當細胞毒性 T 細胞表層的 PD-1 與癌細胞層的 PD-L1 結合時，前者會誤判後者是正常細胞而放過它們。

有些免疫檢查點抑制劑可以阻斷 PD-L1，有些可以阻斷 PD-1 接受器。只要阻斷了這一層的偽裝，就可以讓細胞毒性 T 細胞啟動細胞免疫反應，滅殺癌細胞。

另外一類在臨床試驗中獲得成功的免疫檢查點抑制劑是 **CTLA-4**（Cytotoxic T-lymphocyte Protein 4）**抑制劑**。

CTLA-4 蛋白在樹突細胞激發、誘導抗原特異的細胞毒性 T 細胞大量增生時，扮演了踩剎車的角色。這樣的調節機制很像心、肺、胃腸道等人體器官的交感與副交感神經（自律神經系統）之間的交互調控，它可以防止過度的細胞免疫反應而產生的身體傷害。CTLA-4 抑制劑阻斷了剎車的作用，因此讓細胞免疫反應可以更順暢的進行。

❶ 主要組織相容性複合體（Major Histocompatibility Complex，MHC）：辨識為同一個體

❷ 接收器 B7 與 CD28：確認 DC 與 T 細胞的身分

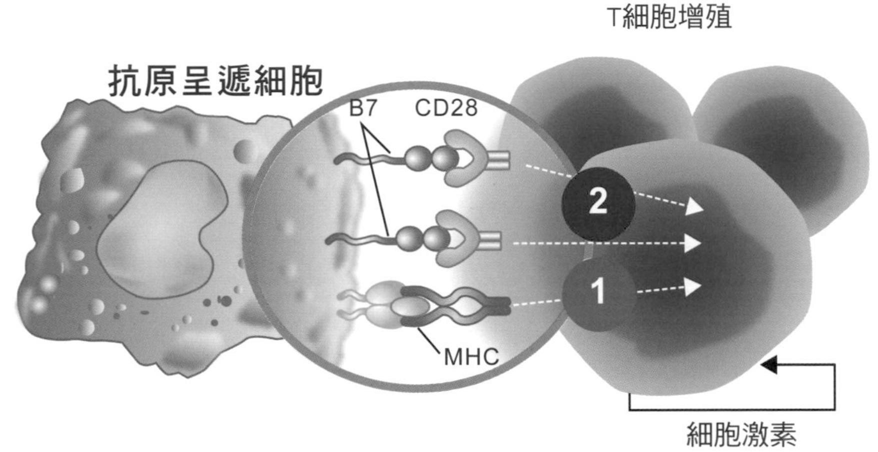

de Coaña et al. Trends Mol Med. 2015;21(8):482-91

▲ T 細胞被抗原呈遞細胞教育與活化。

這兩種不同的免疫檢查點抑制劑因為作用在不同的位置，臨床上同時使用在患者的身上，的確可以看到加成的療效。然而，毒性與副作用也是大大的增加。如何調整到適當的劑量與施打的時間，並且瞭解它們對哪些種類的癌症是有效的，則是當下許多進行中的臨床試驗的重大課題。

目前免疫檢查點抑制劑廣泛應用於多種癌症的治療，並且獲得不錯的治療效果，例如黑色素癌、肺癌、尿路上皮細胞癌、肝癌、頭頸癌等。

III 免疫細胞治療

包括美國在內的多數先進國家，利用自體免疫細胞治療癌症仍然處於臨床研究的階段。醫院為患者進行這一類的治療時，需要先向衛福部申請人體試驗許可才能進行，但是也有極少數國家，例如日本，已經開放在某些條件下，可以對癌症的病患使用此類治療。民國 107 年 9 月，臺灣衛福部也在有條件的情況之下，開放針對癌症患者的治療。

目前利用免疫細胞治療較為成熟的模式有下列三種：

樹突細胞疫苗（Dendritic Cell Vaccine）

如同前述，當體內出現癌細胞時，抗原呈遞細胞（樹突細胞）會先處理癌細胞的抗原，然後將其傳遞給附近淋巴組織的 T 細胞，接著激活淋巴系統內的輔助 T 細胞產生細胞激素，刺激細胞毒性 T 細胞的大量繁殖。這些被教育過而且具有癌抗原特異性的 T 細胞，進而循環全身追蹤並殺死癌細胞。

醫師科學家先透過血球收集技術，收集患者的周邊白血球細胞，再利用細胞培養的技術，篩檢出白血球中的樹突細胞與 T 細胞。接著，將處理過的癌症抗原與這些細胞共同培養，產生具有該癌抗原特異性的樹突細胞。最後，將這些具有免疫記憶性的細胞，打入患者淋巴附近的皮下。這些細胞回到患者的淋巴組織後，將教育訓練並活化增生淋巴組織內的 T 細胞，使它們成為抗原專一性的細胞毒性 T 細胞，在全身循環、尋找並殺死具有抗原性的癌細胞。

細胞激素誘導的殺手細胞（Cytokine-induced Killer Cells, CIK）

它們是一組經過細胞培養技術篩檢、繁殖的 T 細胞。醫師先抽取患者的周邊血液，分離並收集其中的單核白血球，當日先使用細胞激素（干擾素）進行細胞培養，第二天用 anti-CD3 及 IL-2（白血球介素 - 2）來轉化 T 細胞，使它們從 $CD3^{+}CD56^{-}$ T 細胞變成 $CD3^{+}CD56^{+}$ T 細胞，並持續在第 21 ～ 28 天添加 IL-2 來大量增生（2%NK 細胞，及 > 90%$CD3^{+}CD56^{+}$ T 細胞）。最後再將這些經過增生、活化，具有細胞毒性的 T 細胞重新打回患者體內，進行消滅癌細胞的任務。

自然殺手細胞（Natural Killer Cell，簡稱：NK 細胞）

這類細胞約占所有周邊血液淋巴球的 5 ～ 10%，其特徵是細胞質中具有大的顆粒，它們具有非專一性的細胞毒殺作用，所以沒有 T 細胞與 B 細胞所具有的接受器，但是它們仍然接受一些特殊細胞接受器的調控，例如殺手細胞免疫球蛋白樣接受器。

NK 細胞主要在血液中循環，在骨髓，脾臟、淋巴結中也會出現。它們可以消滅許多種病原體及腫瘤細胞。

NK 細胞沒有癌症抗原特異性，屬於先天性免疫，會直接和陌生的癌細胞（或細菌）接觸，利用分泌穿孔素（Perforin）及腫瘤壞死因子 - α（TNF-α）引起細胞膜破裂，來殺死目標細胞。

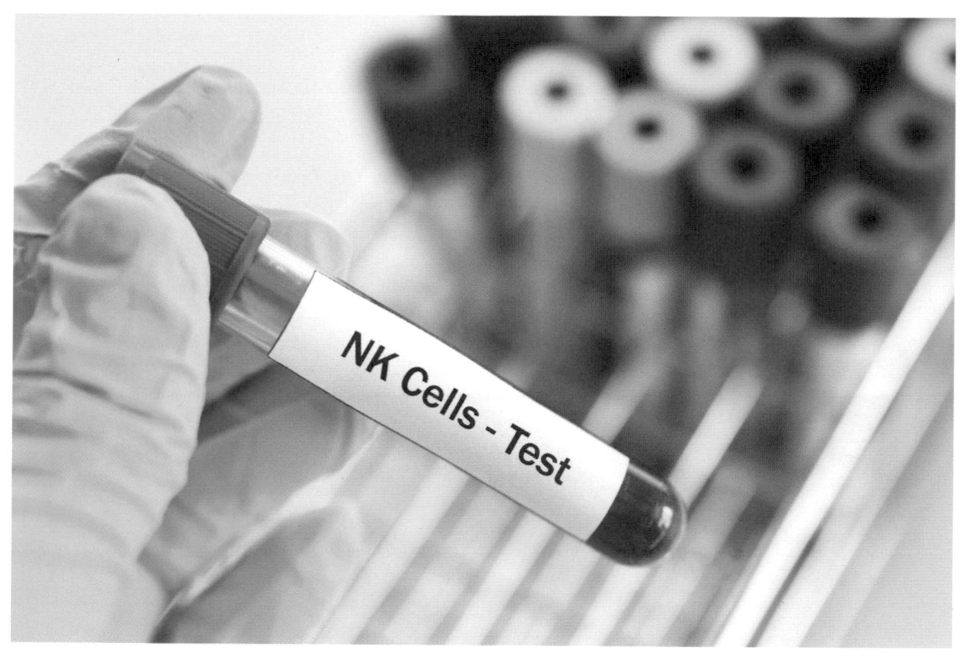

一般認為，在周邊血單核球（PBMC）中分選到 $CD56^{+}$ ／ $CD3^{-}$ 的細胞，即為 NK 細胞。同樣的，醫師科學家收集患者的周邊白血球細胞，再利用細胞培養的技術來篩檢、並大量繁殖 NK 細胞，再將它們打回患者體內，進行消滅癌細胞的任務。

上述的三種免疫細胞治療，細胞培養的過程都不太一樣，而且相當複雜，通常需要幾週的時間才能客製化完成。其中，則以樹突細胞治療的過程最為繁雜，需要先從病人體內取出癌症組織，培養出癌細胞，製作癌抗原，再與患者的免疫細胞進行共同培養（關於樹突細胞治療，下一章節會做更詳細的說明）。

製作完成的免疫細胞離開製備所前需要經過各項檢測，確定細胞的安全性與活性，才能回輸到患者的身上，所以它的費用非常昂貴，一個完整的療程通常在一百萬以上。而且，不是每一種癌症都適合免疫細胞治療。

目前臨床研究，都是屬於規模較小的第二期臨床試驗，治療的結果以黑色素癌、腦癌、肺癌、大腸癌、泌尿系統與婦科的癌症相對的有效。

與傳統的化學治療或放射治療相比，因為回輸的是自己的免疫細胞，所以幾乎沒有什麼副作用。目前臺灣衛福部頒訂特管法，有條件的開放「特定醫院」針對「特定的癌症」患者進行治療。患者在選擇該項治療前，應該先與對細胞治療有經驗的醫師多方討論後才為之。

LESSON 12

打疫苗，可以治癌症？

樹突細胞疫苗，治療的新啟航

打疫苗的理論基礎，在透過體內的抗原傳遞細胞（例如樹突細胞）傳遞抗原（病毒、細菌或是癌細胞的部分組成）給宿主的特定免疫細胞（T 細胞及 B 細胞），讓它們辨識這些抗原，產生能對抗病毒、細菌或癌細胞的「抗原特異性」的 T 細胞，或是由 B 細胞產生對應的抗體。

製造對抗癌症的樹突細胞疫苗，與製造對抗病毒或細菌的疫苗，方法不太一樣，因為每一個人身上的癌細胞跟別人的都不一樣，所以製造樹突細胞疫苗時，需要先從患者身上取出他的癌症組織，在體外進行培養後萃取出抗原，接著再與患者的樹突細胞進行共同培養。

樹突細胞可以處理並且攜帶癌抗原，當它們被打到患者體內時，可以如同疫苗一樣，持續而且有效的在體內產生具有「抗原特異性」的免疫 T 細胞，來對抗癌症。

免疫系統的自我防衛作用

身體的器官在運作的過程中，會經常遭遇損傷或是受到病原菌的感染，受傷的組織需要進行修復，修復的過程需要進行細胞分裂來產生新的組織。然而每次的細胞分裂，就有機會產生基因突變。

突變的細胞通常都會自然凋亡或是由人體的免疫細胞清除，極少數的突變細胞具有不斷分裂的能力，甚至沿著血液、淋巴系統到處轉移，最後發展成為癌症。

人體血液中的 NK 細胞可以發現這些異常的細胞並且加以清除，比較頑強的癌細胞會持續的分裂增生。此時，樹突細胞便會介入。樹突細胞會吞噬並且處置這些癌細胞，再將其抗原片段傳遞給免疫 T 細胞，接收到抗原的 T 細胞開始成熟並且大量的繁殖。

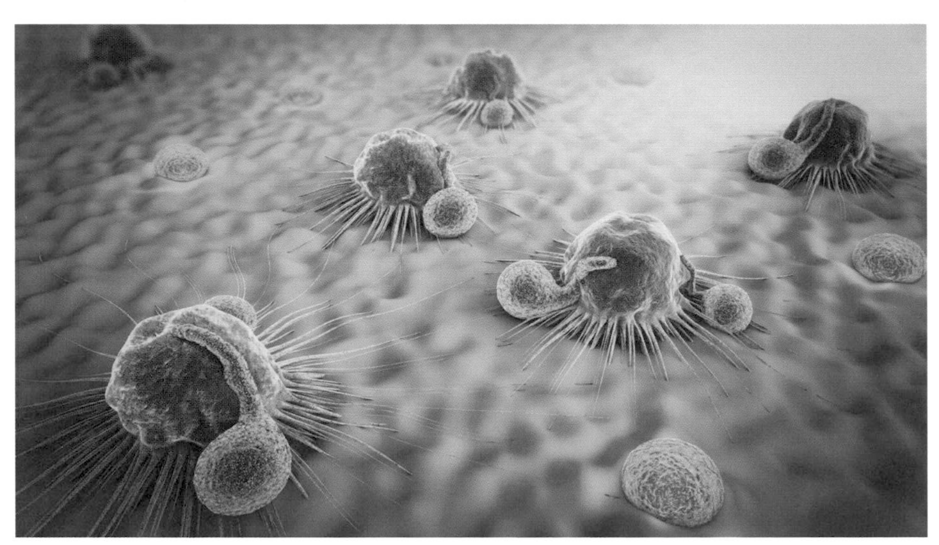

▲ 自然殺手細胞清除異常細胞。

成熟的免疫 T 細胞分成兩大類：**輔助 T 細胞**（Helper T Cell，T4 細胞）與**細胞毒性 T 細胞**（Cytotoxic T Cell，T8 細胞）。這兩類 T 細胞都具有針對上述的癌細胞的抗原特異性及記憶性。當這些細胞再次碰到此一特定的癌細胞時，就會被活化、增生，進而消滅帶有這種抗原的癌細胞。

然而，有些癌細胞會產生一些特殊的蛋白，偽裝起來欺騙免疫細胞。或是，剛好有些突變的位置點讓其失去免疫的辨識，讓細胞毒性 T 細胞無法消滅它們。若恰巧癌細胞在持續增生與免疫防衛的平衡狀態中取得優勢，就會成為癌症。

Ⅲ 現行的免疫細胞治療

在前面的章節介紹過，免疫細胞治療是透過現代細胞培養技術，將患者血液中的免疫細胞分離、篩選後，在培養皿中加入特定的細胞激素與培養液，使得某些特定的、具有殺死癌細胞能力的免疫細胞大量擴增。將大量培養、增生的免疫細胞再分次回輸到患者的血液中（每次大約數億至數十億顆），隨著血液循環到全身去殺死癌細胞。

民國 107 年 9 月衛福部公告細胞治療特管法，允許醫院使用免疫細胞治療技術為符合適應症的癌症病患治療。現行核可的免疫細胞包括：樹突細胞（Dendritic Cell, DC）、細胞激素誘導殺手細胞（Cytokine-induced Killer Cell, CIK）、自然殺手細胞（Natural Killer Cell, NK Cell）、GDT 細胞（Gamma-delta T）等。

不同的免疫細胞治療的癌症種類不同。CIK、NK 及 Gamma-delta T 的製備過程比較簡單，事前取得適量的患者周邊血液，經過大約兩週的細胞培養就可以完成，但是樹突細胞治療就複雜很多。

樹突細胞疫苗

利用樹突細胞治療癌症時，是採用「疫苗接種」的概念，利用癌症疫苗來訓練自己身體的免疫 T 細胞。

那麼，如何製作癌症疫苗呢？

首先，必須取得患者身上癌症組織；接著，在實驗室中萃取、分離出癌細胞並且加以培養、擴增到一定的數量。從擴增的癌細胞中製作具有特異性的「癌抗原」有幾種不同的方法，最具前瞻性的做法是先透過基因定序，找出有特異性的「突變位點」，再利用該基因序列製作抗原蛋白，概念有點像 mRNA 疫苗。不過，這項技術還在發展中。

現在，細胞製備所會利用放射或是化學溶解的技術來製備癌抗原。接著，癌抗原會在培養皿中，與患者的樹突細胞進行同步培養。

但是，樹突細胞要從哪裡來呢？

周邊血液的白血球中僅有 0.2% 的樹突細胞，所以必須透過白血球分離術（Apheresis）來收集足夠的樹突細胞。收集的過程是利用是一臺類似血液透析（俗稱「洗腎」）的機器，當患者的血液流過機器時，透過光學與比重的分流，篩選出需要的單核白血球，整個過程大約耗時 4 ～ 6 小時（治療血癌的周邊血幹細胞移植術，也是使用相同的方法來分離幹細胞）。一般的狀況下，每次會取得數億到數十億顆單核白血球，然後送進實驗室分離、篩選，再與先前製成的「癌抗原」一起培養，整個過程大約要 4 ～ 6 週的時間。

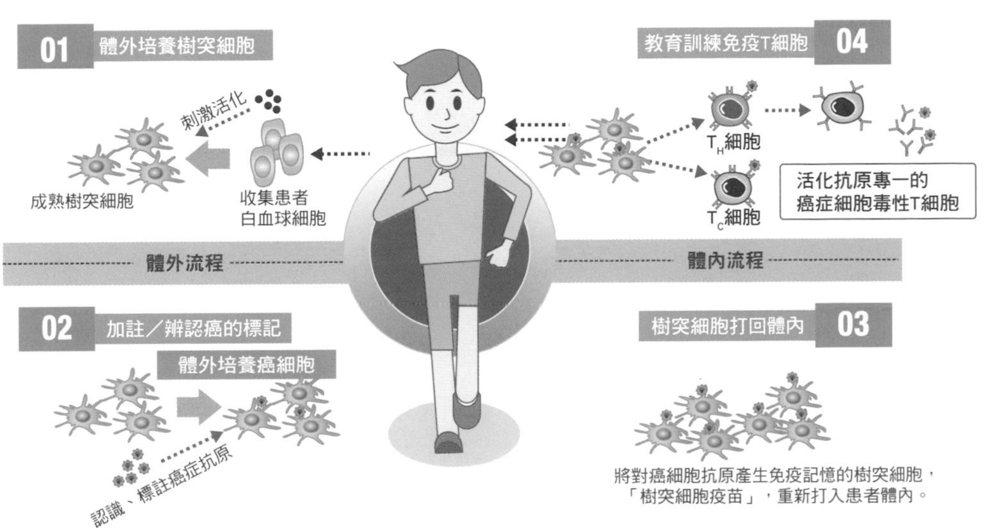

▲ 樹突細胞抗癌疫苗的作用原理。

樹突細胞在與癌抗原共同培養後，會處理並攜帶該抗原，當透過皮下注射（通常從兩側腋窩，每次注射大約數千萬顆細胞）回到身體後，帶著抗原的樹突細胞會激化並教育周邊淋巴組織的 T 細胞，造成具有癌抗原特異性的免疫 T 細胞（包括 T4 與 T8 細胞）大量增生。接著，如同前述，被激活的細胞毒性 T 細胞（T8 細胞）進行選擇性、有效率的癌細胞毒殺作用，所以稱之為「樹突細胞癌症疫苗」。

樹突細胞疫苗打入體內後，能夠持續帶領體內的免疫系統產生具有「癌抗原」特異性的免疫 T 細胞來對抗癌症，所以這樣的免疫治療，理論上應該是最具有療效，但是它的製作過程困難與複雜，所以治療費用也比較昂貴。

同時，因為需要先取得病人的腫瘤組織，培養癌細胞、取得癌抗原，所以當病人無法或不願進行手術取得癌組織時，就無法進行這項治療。

因此，當患者被診斷為早期癌症，進行腫瘤切除時，可以事先將腫瘤組織進行癌細胞培養，再將以凍存。日後若癌症復發時，打算採用樹突細胞疫苗治療時，即可使用。

Chapter

04

免疫力的奧妙

LESSON 13

免疫力的三道防線（一）物理屏障

經常可以看到健康食品廣告或中醫都強調，透過攝取營養品或中藥調理，可以提升免疫力。那麼西醫呢？好像沒有什麼撇步。事實上，只有打預防針能針對特定的感染提供「特異性」的免疫力，但是如果疫苗猜錯了病原體，也無法發揮效力。

基本上，健康的成人都擁有一套專屬、完整的免疫系統，否則就無法在這個充滿病菌的世界活下去了。不過，免疫力真的愈高就愈好嗎？接下來，我們將針對人體的三道防線分別做進一步說明。

生物體自帶的免疫力

舉凡生物，從單一細胞的細菌到最複雜的人類，都各自有一套免疫系統，以對抗外界病原體或有害物質的入侵。當然，細菌的免疫系統遠遠的比人類的簡單。但是，這些單細胞生物已經具備了一些基本的免疫機制，包括抗微生物多肽，例如防禦素、吞噬作用和補體系統。包括人類在內的有頜類脊椎動物，發展出最複雜而有效的防禦機制，當病原體，例如細菌或病毒進入人體的時候，會透過蛋白質、細胞、器官和組織之間的相互運作，依序、分層的消滅與移除這些入侵的有機體。

▲ 當病毒進入人體，白血球就會出動作戰。

Ⅲ 三道防線、三層保護

簡單的說，人體的免疫系統有三道防線，各司其職。第一層為「**物理屏障**」，例如皮膚和口、鼻腔及胃腸道的黏膜，透過這一層防護可以有效的阻擋病原體進入體內。第二層為「**先天性免疫**」，當病原體突破第一層防禦時，這層免疫系統會迅速反應。先天性免疫系統存在於所有的動植物身上，它包括炎症反應、補體系統和多種具有特殊作用細胞。但是這道防線沒有病原特異性，它反應快速、但不如第三層的「**適應性免疫**」精準而有效。適應性免疫是脊椎動物特有、具有抗原特異性的免疫反應。

當病原體首次侵入人體後，透過先天性免疫的防禦過程，此一步驟可以激發適應性免疫，產生對病原體的識別，形成「免疫記憶」。

當再度感染相同的病原體時，適應性免疫就會利用記憶細胞及其產生的「抗原特異性」抗體，對病原體做出更快速而且有效的免疫攻擊。

ⅲ 物理屏障

生物體第一層免疫系統防線，也就是物理屏障，可分為**機械**、**化學**和**生物學屏障**。以下將針對每一種屏障的特性與機轉作說明。

機械屏障

植物的蠟質葉面、昆蟲的外表骨骼以及脊椎動物的皮膚、鼻腔或口腔的黏膜都屬於機械屏障。生命體不可能完全隔離於生活環境之外，比方說，人體需要進行呼吸作用與消化作用來維持生命，這兩套系統就隨時有暴露於外界病原體的風險。

所以，除了上述的機械屏障，呼吸道還可以透過咳嗽或打噴嚏，來排出呼吸道中的病原體。嘔吐與腹瀉，則是消化道相對的機轉。

化學屏障

皮膚、呼吸道和消化道能夠分泌多種對抗病原菌的物質，例如 β- 防禦素。而唾液、眼淚和奶水中也含有一些酶，具有對抗病原菌的作用，例如溶菌酶和磷脂酶 A2。這些化學屏障是保護生物體免於病原菌感染的先天重要防線，在人體的生殖系統中，初潮之後陰道的酸性分泌物，以及精液中含有的防禦素和鋅，都可殺死病原體。

另一個重要的化學屏障則存在於胃中：**胃酸和蛋白酶是抵抗病原體強有力的化學屏障**。特別要注意的是，國人習慣吃胃藥，**中和掉胃酸反而容易引起病原菌的入侵**。

生物學屏障

生物體內生存著許多互利共生的細菌，在消化和泌尿生殖系統中，互利共生的細菌發揮著生物學的屏障作用，例如腸道細菌在一定條件下，可以改變腸內組織的生理條件，例如：pH 值或可利用的鐵元素，來與食物中的病原菌進行生存競爭。這種競爭抑制了這些外來病原菌的生長，降低了它們引起疾病的可能性。

由於抗生素能夠殺死腸胃及泌尿生殖系統的常在細菌，卻不影響真菌的生長，因此口服抗生素可能導致腹瀉或真菌的增生，進而引起黴菌感染，例如陰道念珠球症。

對於兒童的腸胃感染和過敏症，一些研究證明，食用消化道益生菌，例如乳酸菌，似乎有助於恢復消化道常在細菌群的健康平衡。

物理屏障包括機械、化學和生物學屏障，是大多數生物體防止病原體（包括病毒、細菌等生物）入侵時，最初始也是重要的屏障。比較原始的生物，例如昆蟲類，沒有白血球來進行第二道以及第三道的免疫防禦，這些物種能在地球上存活下來，就靠這一套免疫系統了。

所以，一個成功演化的生命體，除了要有完整的表層機械屏障，要能分泌各種對抗病原菌的化學物質，最後還要能與生物環境中的其他生命體共生、共存，才能維持物種的永續發展。

LESSON 14

免疫力的三道防線（二）先天性免疫

這一道防線是大多數生物體的日常生活中主要防禦的系統。先天性免疫是較高階生物體對抗病原體的另一個重要的防疫系統。在人類，它主要由血液中的各類白血球來執行。在下文中，我們會逐步的介紹這些反應的方式與內容。

先天性免疫的特質

先天性免疫的特性就是：當病原體突破第一道防線進入體內時，它們可以立即啟動。**以人類來說，這一道免疫反應由血液中的各類白血球來執行**。

這一類的免疫細胞（白血球）先天具有區分敵我的能力，它們同時具有吞噬的能力，能夠吞噬病原體，並且能夠分泌各種酵素及細胞激素，引發後續一連串的免疫反應，包括：炎性反應以及細胞吞噬作用，來消滅病原體。

白血球其實有好幾個不同的種類，它們各自在第二道防線的先天性免疫以及第三道防線的適應性免疫，扮演不同的功能，後續將會有更詳細的說明。

區分外敵的能力

先天性和適應性免疫都具有區分「自體」和「異體」分子的能力。當病原體成功的突破表層屏障，進入到生物體內部時，這一種特別的識別能力，能立即驅動身體的免疫系統，啟動一系列的防禦機轉。

人體免疫細胞的表面存在一種蛋白叫做「樣式辨識受體」（Pattern Recognition Receptor, PRR），當它們與病原體本身或病原體分泌的物質，例如碳水化合物（如革蘭氏陽性菌的肽聚糖和脂磷壁酸，及真菌的多糖）結合時，可以有效的識別其為外來的有害物質，觸發後續的炎症反應。

只有一種殺敵方式

樣式辨識受體是先天性免疫系統的關鍵分子，它們可以識別許多不同的病原體，也是人類免疫系統把關的第一步。

先天性免疫對病原體的攻擊是非特異性的，也就是說該系統是以一種通用的武器，來對抗病原體。

先天性免疫系統能快速、廣泛的對各種入侵的病原體產生有效的免疫反應，但是不能夠對某一病原體產生「特異性」的持久免疫。

Ⅲ 炎症反應

人體對抗感染的第一步反應就是炎症反應，而炎症反應的表徵與症狀就是紅腫與熱痛。非感染性的傷害也會產生炎症反應，最典型的例子就是碰撞受傷。相信每個人都有扭傷、挫傷的經驗，**受傷時的紅腫熱痛，就是一種炎症反應。**

當病原體入侵時，第一波的免疫反應細胞是吞噬細胞，受損或被感染的吞噬細胞會釋放類廿烷酸（Eicosanoid）和細胞激素（Cytokines），這些物質會引起血液流入受傷的部位引起紅腫，並且因為紅腫而產生熱痛。

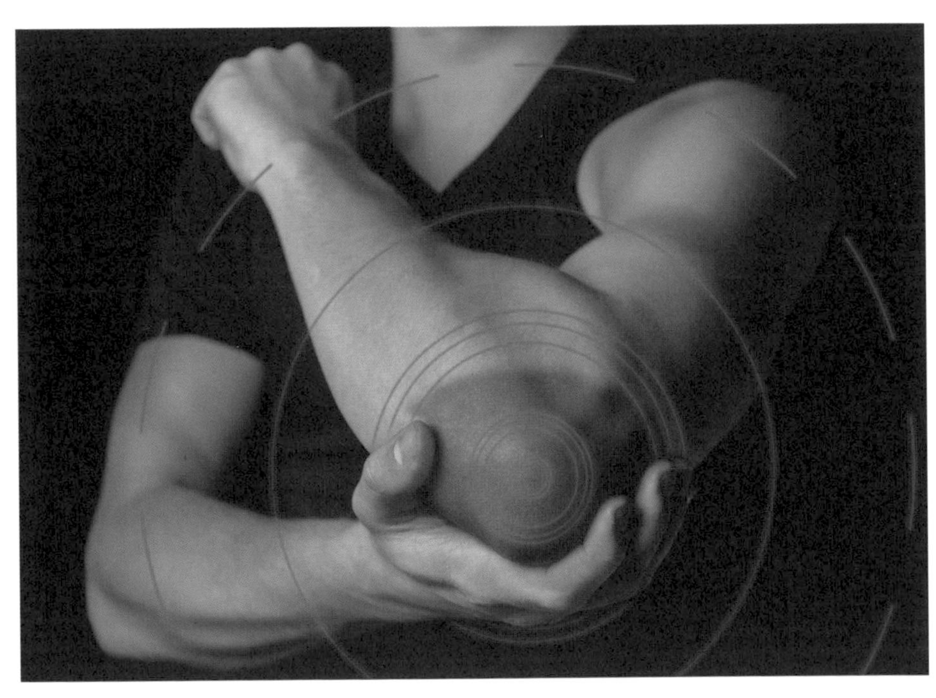

類廿烷酸包括前列腺素（Prostaglandins）和白三烯（Leukotriene），前者可以導致發燒和血管舒張，而後者可以吸引特定的白血球（如顆粒細胞）到發炎的位置進行滅菌作用。

細胞激素包括白細胞介素（Interleukines），負責白血球之間的聯繫；趨化因子（Chemokines），促進細胞的化學趨向性；干擾素（Interferon），具有抗病毒的作用。

接著，**炎症反應會啟動補體系統**，它是對入侵的病原體表面進行攻擊的一種生化反應，這一反應會產生大量被酶解的多肽，這些多肽可以吸引免疫細胞，提高血管通透性以及附著在病原體表面，以方便免疫系統識別並殺死它們。

最後，**炎症反應還可以釋放生長因子**（Growth Factor），讓人體在消滅病原體後，進行受損組織的修復。

III 細胞屏障

先天性免疫白血球包括了吞噬細胞（巨噬細胞、嗜中性顆粒白血球和樹突細胞）、肥大細胞、嗜酸性顆粒白血球、嗜鹼性顆粒白血球以及自然殺手細胞。這些細胞以獨立單細胞的方式來工作、接觸、攻擊或吞噬病原體，並觸發一系列的免疫反應。這是人體對抗感染的第二步反應。

吞噬細胞通常會在身體各處巡邏來搜尋病原體，但也可以被細胞激素召喚到特定的感染位置工作。病原體被吞噬細胞吞噬後，會在其內形成吞

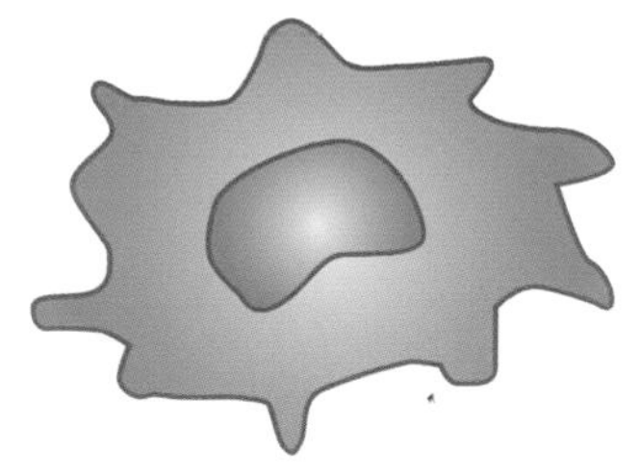

▲ 吞噬細胞

噬溶酶體，被其中的消化性酶所殺死。吞噬作用可能是最古老的宿主防禦機轉，因為在無脊椎動物中，也發現吞噬細胞存在。

樹突細胞是一種特別的吞噬細胞，主要位於與外界環境接觸的組織內，包括皮膚、鼻腔、肺、胃以及小腸。它在吞噬並且分解病原體（含有各種抗原）後，會將抗原呈遞給自身的T細胞，啟動後續的適應性免疫系統，因此它是先天性免疫與適應性免疫系統之間的重要橋梁。

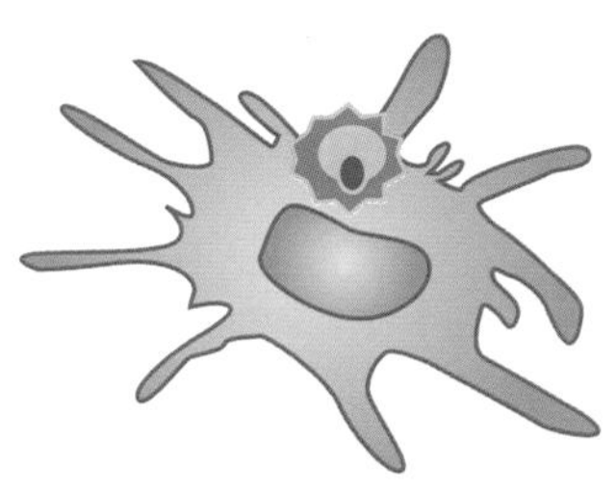

▲ 樹突細胞

肥大細胞位於結締組織和黏膜內，負責調控與過敏相關的發炎反應。它們通常與藥物、食物過敏或全身性過敏性休克反應相關。

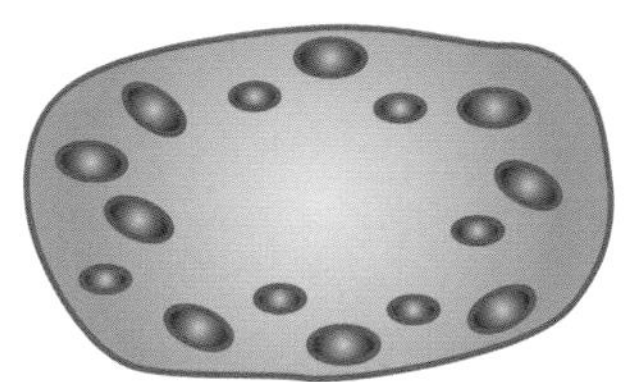

▲ 肥大細胞

嗜酸性和**嗜鹼性顆粒白血球**的功能類似於**嗜中性顆粒白血球**，它們分泌的化學物質主要用來抵禦寄生蟲感染，但是嗜中性顆粒白血球負責對付細菌。

▲ 嗜酸性顆粒白血球

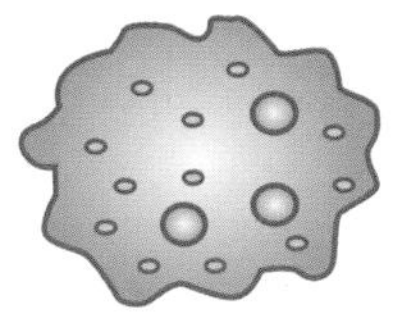

▲ 嗜鹼性顆粒白血球

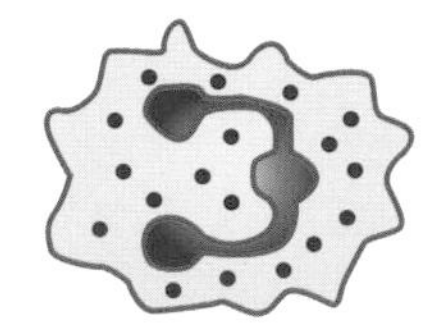

▲ 嗜中性顆粒白血球

自然殺手細胞並不直接攻擊病原體，卻能夠攻擊並殺死人體內產生的腫瘤細胞，或被病毒侵入的自身細胞。

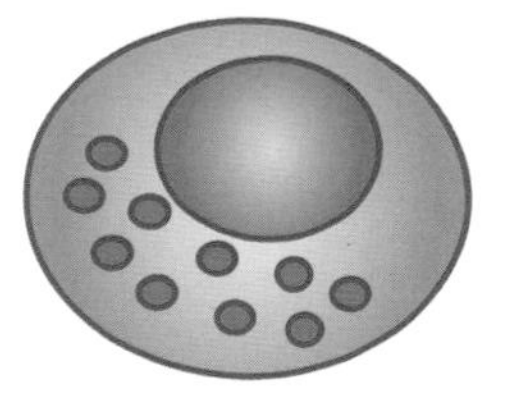

▲ 自然殺手細胞

除了高等脊椎動物以外，地球上所有的生物都不具備下一章節要介紹的第三道防線：適應性免疫。第一道防線的「物理屏障」，加上第二道防線的「先天性免疫」，已經讓生物體具備了抵抗病原體入侵的基本能力。平時，人類的身體主要也是依靠這兩道防線，來預防與對抗病原體引發的各種感染。

LESSON 15

免疫力的三道防線
（三）適應性免疫

第三道防線「適應性免疫」是有頷下門類脊椎類動物特有的防衛機制，它是宿主（被感染者）針對病原體的某些特定成分，產生具有抗原特異性、並且具有免疫記憶的免疫反應，讓宿主在遭遇到同一種病原體的再度攻擊時，可以提供強而有力的免疫保護作用。注射「疫苗」就是利用這種免疫反應的特質，讓人體建構對某些傳染性疾病的保護力。

適應性免疫的特質

適應性免疫的產生需要有幾個重要的元素：**（一）、抗原**。抗原是病原體（包括病毒、細菌及其他的感染性生物體）個體組成的一部分，例如：細菌細胞膜上的脂蛋白或細胞核的成分；**（二）、抗原傳遞細胞**。它們可以吞噬病原體並且處理抗原，再將抗原傳遞給**（三）、反應細胞**（包括 T 細胞以及 B 細胞），讓它們進行一系列的免疫反應，消滅侵入的病原體。

一部分接受過「抗原」訓練後的反應細胞，會成為「記憶型」免疫細胞，並長期（從數個月到數十年）生存在體內的淋巴系統中，日後當人體遇到相同種類的病原體入侵時，它們會被迅速的喚醒，啟動複製與增生的功能，大量的繁殖並且執行一系列的免疫反應，有效的對抗該種感染性疾病。

有趣的是，這種有效率的「記憶型」免疫功能，只能在自己體內產生，並且在自己體內使用。也就是說，不能把別人的記憶型免疫細胞輸給另外一個人使用，因為當抗原傳遞細胞傳遞抗原給反應細胞時，這兩種細胞要互相辨認彼此的「主要組織相容性複合體」（MHC）。當別人的免疫細胞輸入自己的體內時，會立即透過 MHC 辨識出來。來自於不同個體的免疫細胞，會立即被體內第二道防線的免疫細胞消滅掉。

抗原特異性

適應性免疫與先天性免疫最大的差異，在於前者具有高度的抗原特異性。也就是說，適應性免疫可以有效的鑑識入侵體內的病原體的基因型，接著迅速的召集並大量繁殖負責對抗該基因型病原體的反應細胞，例如 T 細胞與 B 細胞。**這些反應細胞只針對具有該基因型的病原體發動攻擊，無法對抗其他基因型的病原體，這就是免疫的抗原特異性**。不過，這種超準確、高效率的免疫反應，必須在該病原體入侵人體超過一次後才會產生。

免疫記憶細胞

當病原體第一次成功侵入人體時，會先啟動前述的先天性免疫系統來消滅病原體，其中的樹突細胞在吞噬並且分解病原體（含有各種抗原）後，將其中的抗原呈遞給體內的 T 或 B 細胞。接著，這些免疫細胞進行分裂，增生出具有認知該基因型病原體能力的記憶 T 或 B 細胞，並且將它們儲存於淋巴、血液系統內。

當同一基因型病原體第二次入侵時，便會啟動具有抗原特異性的適應性免疫系統。

主要組織相容性複合體

數目龐大的各類免疫反應細胞，無時無刻在體內巡弋，剷除入侵的各種病原體。雖然它們大多數具有抗原特異性，不會隨便誤殺自己體內的細胞，但是為了能精準的分辨敵我，人體細胞的第六號染色體上，有一組基因叫做「主要組織相容性複合體」。其中，人類的 MHC 醣蛋白，又稱為「人類白血球抗原」（Human Leukocyte Antigen，簡稱 HLA），它存在於大部分脊椎動物的基因組中，負責執行免疫系統判定病原體（包括其它人類的細胞）為外侵物質的重要任務。

每一個體都擁有自己獨特的 MHC，如同一把個體識別鑰匙。T 或 B 細胞在執行任務時，用它來審視對方是否具有相同的 MHC，有則放過、無則殺之。這也是為何器官移殖之前，要先比對受贈者與贈與者的 HLA 基因型的相容性。

Ⅲ 反應細胞：淋巴細胞

淋巴細胞是由骨髓中的造血幹細胞分化而來，主要分為 T 細胞和 B 細胞，前者負責細胞免疫，後者負責體液免疫。

細胞免疫是由 T 細胞本身直接作戰，體液免疫是由 B 細胞製造抗體來作戰。T 細胞和 B 細胞都攜帶能夠識別病原體所產生的抗原（特定基因型），進而針對不同的病原體產生免疫攻擊。

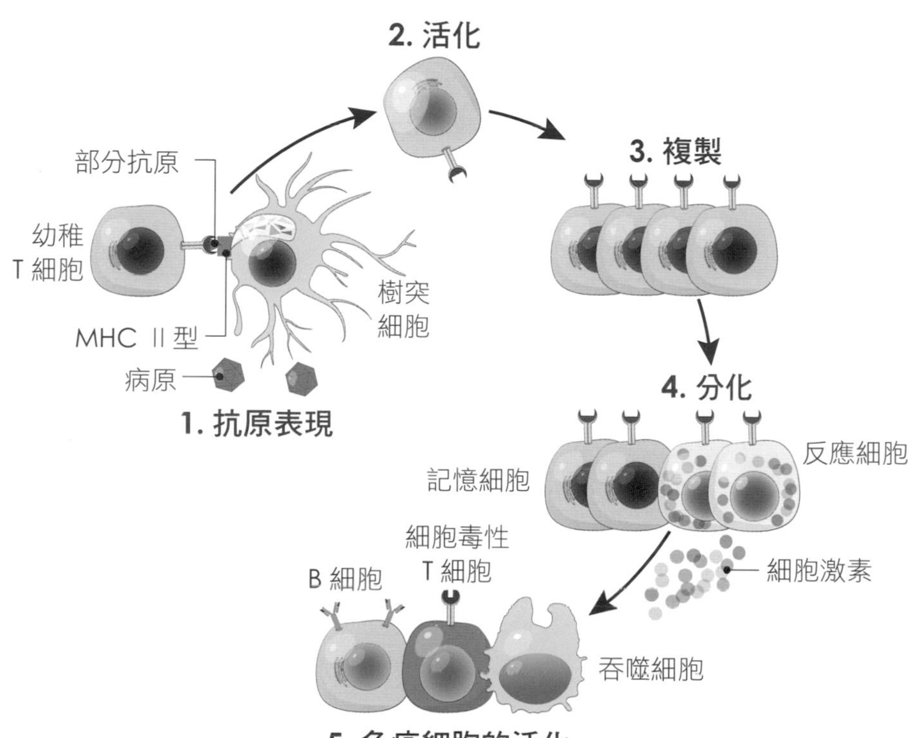
2. 活化
部分抗原
3. 複製
幼稚
T 細胞
樹突
細胞
MHC Ⅱ型
病原
4. 分化
1. 抗原表現
反應細胞
記憶細胞
細胞毒性
T 細胞
B 細胞
細胞激素
吞噬細胞
5. 免疫細胞的活化

▲ 適應性免疫機制。

T 細胞

T 細胞主要分為兩類：**細胞毒性 T 細胞**（Cytotoxic T Cell）和**輔助 T 細胞**（Helper T Cell）。T 細胞識別非自身的靶標，如病原體，是透過**抗原呈遞機制**來進行識別，需要先經抗原傳遞細胞，如樹突細胞處理抗原（病原體上的一些小片段），再與個體的主要組織相容性複合體（MHC）結合後才能實現。

細胞毒性 T 細胞只能識別個體的 I 型 MHC 分子呈遞的抗原，而輔助 T 細胞只能識別 II 型 MHC 分子呈遞的抗原，兩者各自使用不同的個體識別鑰匙，反映了兩類 T 細胞具有的不同功能。

（一）**細胞毒性 T 細胞：**能夠殺死被病毒（或其他病原體）感染的細胞，或受損和失去功能的細胞。當其細胞表面的 T 細胞接受器、特定抗原、抗原傳遞細胞的 I 型 MHC 分子共同形成複合物時，細胞毒性 T 細胞就會被激活。被激活的 T 細胞會在身體內巡弋，尋找是否有帶有這一特定抗原的細胞。一旦找到這些細胞，它們就會釋放細胞毒素，如穿孔素，殺死細胞。

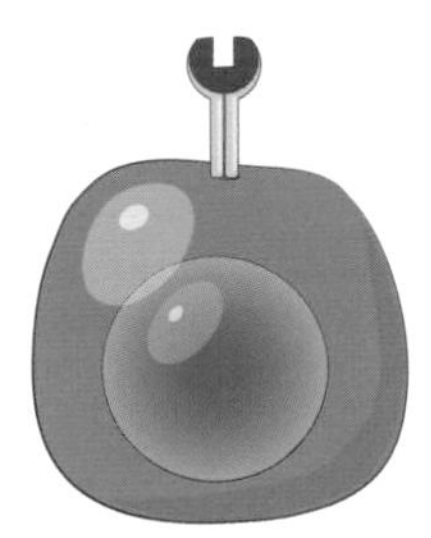
▲ 細胞毒性 T 細胞

（二）**輔助 T 細胞：**不具有細胞毒性，無法直接清除受感染的細胞或病原體，但它們參與調控先天性與適應性免疫反應，透過引導其他免疫細胞來完成清除任務。當輔助 T 細胞的 T 細胞接受器結合 II 型 MHC 分子與抗原時，就會被激活。被激活後的輔助 T 細胞會釋放大量的細胞激素，進而影響許多免疫細胞的活力，如增強巨噬細胞的殺菌功能以及細胞毒性 T 細胞的活力，並且激活 B 細胞產生抗體。

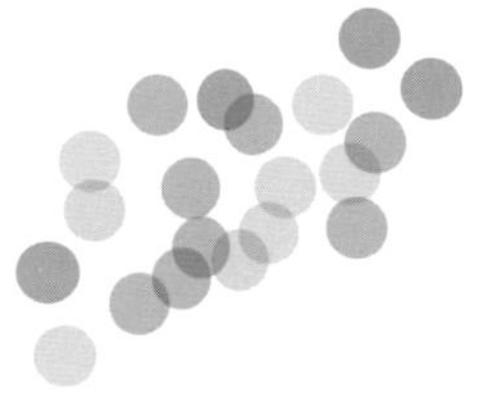
▲ 細胞激素

B 細胞

B 細胞不需要經過抗原呈遞機制來識別特定抗原，它的表面具有抗原特異性接受器，負責識別不同的病原體。它們能夠吞噬在表面結合的抗原－抗體複合物，將它們分解為肽段，再將這些抗原性肽段透過其細胞表面的 II 型 MHC 分子呈遞出來，吸引並刺激輔助 T 細胞釋放淋巴激素（Lymphokines）。這些激素再激活 B 細胞進行分裂增生，所產生的子代細胞——漿細胞（Plasma Cell），能分泌出數百萬個具有抗原識別性的抗體拷貝。

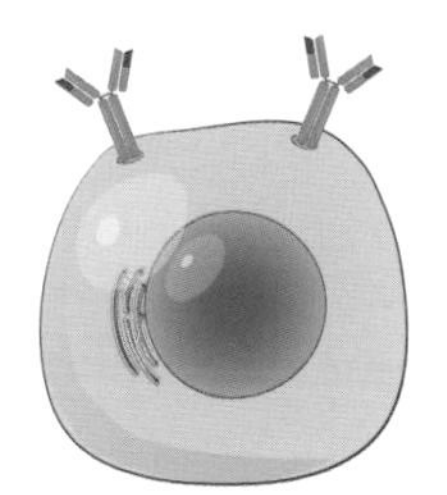
▲ B 細胞

這些抗體在血漿和淋巴液內循環，遇到表達對應抗原的病原體時，就會立即與之結合。被抗體所結合的病原體，很快會被補體系統或吞噬細胞消滅。

抗體也能夠通過與細菌毒素結合，或與細菌或病毒的表面受體結合，直接阻止病原體的感染。

因此，每一株的 B 細胞各自表達不同的抗體，負責對抗不同的基因型的病原體。終其一生，人體內累積（備戰）了許多的不同 B 細胞株，隨時對抗各種曾經相遇並相識的病原體。

成年人免疫系統的主責單位在骨髓、周邊血液以及淋巴系統。兒童的胸腺也具有製造淋巴細胞的功能，但是在成年後變退化而萎縮。從出生到死亡，當不同的病原體入侵人體時，人體就會透過適應性免疫針對該病原體，建構具有記憶性的免疫力，對抗該病原菌的再次入侵。

所以說，假若你被千百種病原體感染過後，還能存活下來，表示你對這千百種感染性疾病已經具備抵抗力，似乎也算是一種「提升免疫力」的方法？

如果不想冒生命的危險，利用被感染來取得適應性免疫力，那麼下一章節要談到的「疫苗」，便是一個很好的選項。

LESSON 16

先天與後天的身體防衛

免疫記憶與疫苗

疫苗的發明與應用，可以說是人類對抗生存環境中無所不在的病原體，最偉大的貢獻。在公元前 430 年，古希臘歷史學家修昔底德已經發現，在瘟疫中得過病的人不會再染疫。而且，遠在現代醫學了解免疫系統的運作方式前，疫苗已經被發明與應用。

1796 年，英國醫生愛德華、詹納發明牛痘接種術對抗天花；在 100 年前，已經有 10 幾種影響人類歷史發展的疫苗被研發出來，並且安全無慮。

小時候，每一個人都接種過許多種疫苗。2021 年，因應 COVID-19 疫情，幾乎全民都接受了疫苗的注射。接下來，我們將針對免疫記憶與疫苗做進一步的描述。

免疫記憶的特質

免疫記憶（Immunological Memory）是脊椎動物最有效率的防衛機制。當同一基因型病原體第二次入侵人體時，記憶 T 或 B 細胞會立即啟動，引發細胞免疫系統製造出大量、對該抗原具有免疫特異性的細胞毒性 T 細胞以及漿細胞，前者可直接毒殺，後者則是分泌抗體，迅速、有效而且特異性的剷除再度入侵的病原體。

不具免疫記憶的白血球，例如負責先天性免疫的白血球，像是嗜中性顆粒白血球、嗜酸性顆粒白血球等，它們的壽命大約只有數小時到數天。然而儲存於淋巴、血液系統內的免疫記憶細胞，可以存活長達數年，甚至一輩子。

人的一生不斷的接受環境中的各種病原體的入侵，每一次的感染，當 T 細胞和 B 細胞被激活後，就會開始複製分裂以產生子代細胞，這些子代細胞中的一部分會變成對應此病原體的特定基因型的記憶細胞，隨時準備應對入侵者的再度挑戰。

然而，並不是所有抗原特異性的適應性免疫，都可以維持終生。它會受宿主的差異及病原體的特質而影響，通常愈嚴重、愈致命的感染可以維持愈久，例如白喉或天花的感染。

III 免疫記憶的區分

免疫記憶又可以分為**主動記憶**與**被動記憶**。透過疫苗注射或如前述因為病原體感染所產生的免疫記憶，屬於**長期記憶**。有些狀況的免疫記憶是被動發生的，而且這種免疫效應通常是短期的（從幾天到幾個月）。

被動記憶：母體與嬰兒

母親可以為嬰兒提供多種被動免疫保護。在懷孕期間，母親體內的各種抗體可從直接通過胎盤進入胎兒體內，因此嬰兒在出生時，體內就具有各種病原體的抗體。

也就是說，嬰兒與母親體內的抗原識別特異性是一樣的。這樣的準備對嬰兒出生後的安全來說非常重要，因為母親將針對生存環境中的各種病原體產生的抗體傳給胎兒，而嬰兒出生後在相同的環境生存，才有能力抵抗外在的病原體。

出生後的嬰兒由於從未接觸過病原體，當然不具各種抗原特異性適應性免疫的記憶細胞，而且物理屏障及先天性免疫的免疫系統也尚未發育完成，因此非常容易發生感染，此時母乳撫育扮演了重要的角色。

母乳含有抗體，可以進入嬰兒腸道來保護其免受細菌感染。所以在胎兒期或是嬰兒發育早期，體內的免疫多是被動免疫，而這種借用母體的免疫機制都是暫時的。**在發育的過程中，嬰兒會逐漸建立起自己的免疫系統。**

被動記憶：免疫球蛋白治療（Immunoglobulin Therapy）

理論上，注射他人富含某一種特定基因型的病原體抗體的血清，能夠將保護性的被動免疫，從A個體移轉到B個體，以預防或治療該特定的感染。但是在臨床醫學上，這樣的運用效果並不理想，而且有透過血液傳染疾病與血清過敏等併發症的風險。然而臨床上，某些疾病會採用靜脈注射免疫球蛋白G（Immunoglobulin-G）來控疾病的病程，例如原發性免疫不全症、原發性血小板缺乏性紫斑症。這種靜脈注射的血液製品，是從上千捐血者的血漿中提取出來的免疫球蛋白，注射後其效果可以持續兩週至三個月。

主動、長期記憶：疫苗（Vaccine）

疫苗接種的原理是將來自病原體的抗原，注入人體來刺激免疫系統。為了不引起疾病、卻又要能誘發免疫記憶反應，多數病毒疫苗（如日本腦炎）是採用毒性弱化的病毒來開發。而許多細菌疫苗（如卡介苗）則是採用病原體的非細胞組分，例如無害的毒素成分。

由於來自於非細胞性疫苗中的許多抗原，無法有效的誘導適應性反應，多數細菌疫苗中還添加了免疫佐劑。透過佐劑來加強、激活先天性免疫系統中的抗原呈遞細胞，進而最大化免疫的抗原反應。

臨床上，透過疫苗接種來產生主動免疫（也就是抗原特異性適應性免疫力），是預防各種傳染性疾病的主要方法，如下列幾種：

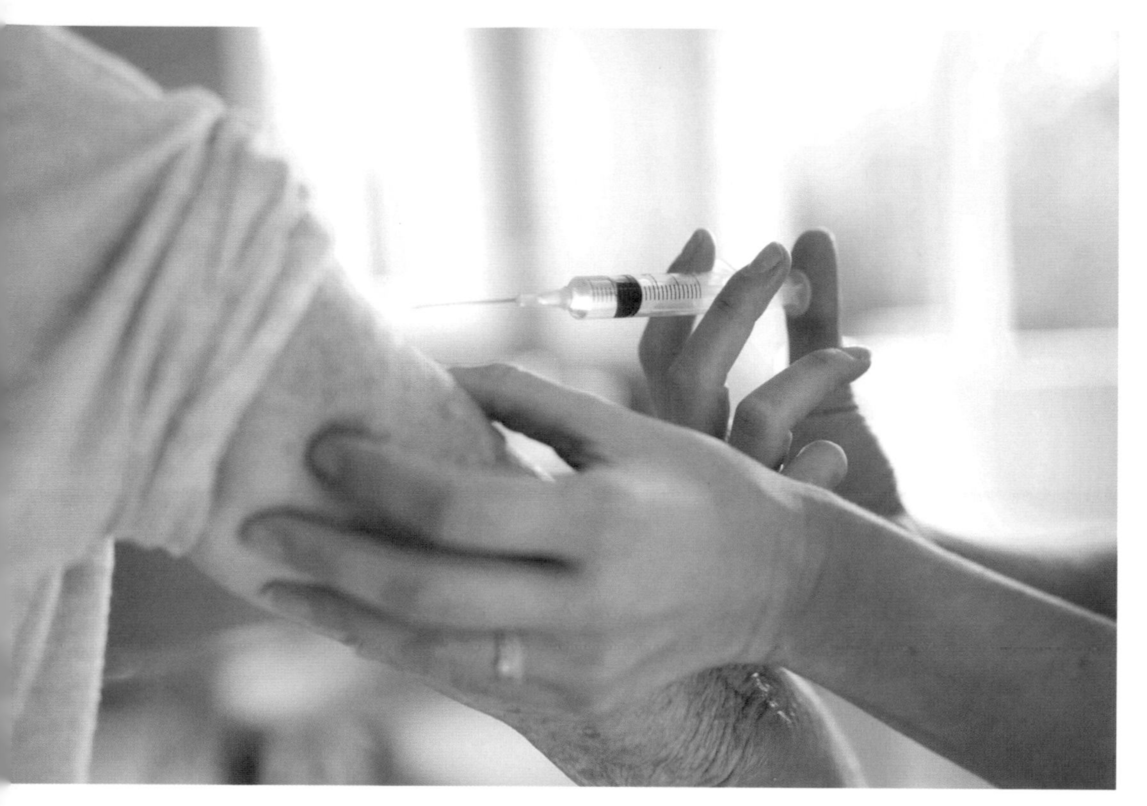

一、**嬰幼兒疫苗：**臺灣的嬰幼兒依法都需要依照時程來接種下列各種疫苗：卡介苗（預防結核病）、B 型肝炎、三合一混合的（白喉、百日咳、破傷風）、小兒麻痺口服、三合一混合的（麻疹、腮腺炎、德國麻疹）、日本腦炎。

二、**成人疫苗：**每年十月中旬開始施打的流感疫苗，是國人最熟悉的成人疫苗。我國使用的疫苗是依據世界衛生組織（WHO）每年對北半球建議更新之病毒株組成，通常使用 3 價疫苗：包含三種不活化病毒，即兩種 A 型（H1N1 及 H3N2）及一種 B 型；4 價流感疫苗則是包含四種疫苗株（兩種 A 型、兩種 B 型）成分的產品。一般而言，流感疫苗的保護效力大約在 60 ～ 90% 之間，免疫系統較弱者的效果稍差。

三、**肺炎鏈球菌結合型疫苗：**肺炎鏈球菌（Streptococcus Pneumoniae, Pneumococcus）能引起多種侵襲性疾病，包括敗血症、肺炎、腦膜炎、關節炎等，好發於 5 歲以下嬰幼兒及 65 歲以上老年人。由於死亡率高，所以建議上述年齡的人，每五年定期施打一次。目前市面上有 13 價結合型疫苗與 23 價多醣體疫苗兩種，對於侵襲性肺炎鏈球菌感染症的保護效力約為 50 ～ 80%。

免疫系統是人體最複雜與完備的防禦系統，目前沒有任何藥物或補品可以有效提升免疫力，接種疫苗是相對有效的方法，但是現今研發成功的疫苗相對於病原體的數量，那如同是一毛之對於九牛，仍有許多亟待努力的空間。

Chapter

05

隱形殺手——
現代人的三高通病

LESSON 17

為健康出征

三高重要筆記：高血壓篇

三高可說是全人類最常見的慢性病，三高通常沒有什麼症狀，要經過漫長的時間之後（可能數年，甚至數十年後），當出現併發症時，例如心肌梗塞、腦中風或腎衰竭等，才會有症狀。

高血壓是人類最常見的慢性病，近乎 30% 的人口都有血壓過高的問題，而且隨著年齡愈高，比例愈高。

多高的血壓才算高血壓？沒有症狀的高血壓，到底需不需要治療？該如何治療？在醫界一直有不小的爭論，下文謹針對醫界有共識的部分做一些撰述。

認識高血壓

高血壓是指動脈壓力大於 140 / 90 mmHg（毫米汞柱），140 是動脈的收縮壓測量值，90 是動脈的舒張測量值。收縮壓是當心臟收縮，射出血液到動脈時的動脈壓力；舒張壓是當心臟舒張時，血液回流到心臟時的動脈壓力。全球大約四分之一的成年人患有高血壓，並且在某些族裔的發病率特別高，例如：有 70% 的波蘭成年人，44% 的非裔美國成年人罹患高血壓。

高血壓分為「原發性高血壓」與「繼發性高血壓」。在高血壓的病例當中，90 ～ 95% 為原發性高血壓，病因不明，但是有許多危險因子，例如年齡、種族、家族病史、肥胖、缺乏運動、吸菸、喝酒、吃太多鹽、吃太少鉀、缺乏維他命 D 等。基本上，上述因素與動脈硬化是導致高血壓的主要原因。繼發性高血壓可能導因於腎臟疾病、心血管疾病或是內分泌系統異常，臨床上診斷高血壓時，應該先針對上述疾病進行排除性的檢查。

原發性高血壓

- 占比：90-95%
- 病因不明
- 危險因子：年齡、種族、家庭病史、不良的飲食與生活習慣

繼發性高血壓

- 占比：5-10%
- 與腎臟病、心血管疾病、內分泌異常有關

⓫ 高血壓的症狀

高血壓通常沒有明顯的症狀，中老年人常見的脖子痠痛及頭暈一般都與高血壓無關。高血壓通常在常規檢查時被意外發現，所以中老年人應該定期接受血壓的檢測。嚴重的高血壓可能伴有頭痛、頭暈、暈眩、耳鳴等症狀。有些人甚至等到出現腦中風、心肌梗塞等疾病時，才知道患有高血壓。

高血壓的診斷

使用電子血壓機測量肱動脈壓力是最簡單的量測方式，可從收縮壓及舒張壓的數值來判斷是否患有高血壓，以及在何種情況下必須立即就醫。

血壓數值	分期
收縮壓 120 ～ 139 mmHg 或 舒張壓 80 ～ 89 mmHg	高血壓前期
收縮壓 140 ～ 159 mmHg 或 舒張壓 90 ～ 99 mmHg	高血壓一期
收縮壓 160 ～ 179 mmHg 或 舒張壓 100 ～ 109 mmHg	高血壓二期
收縮壓 ≥180 mmHg 或 舒張壓 ≥110 mmHg	高血壓危機，須立即就醫

服用高血壓的藥物前，要先做哪些事情？

高血壓前期不用馬上服用降血壓的藥物，應該先檢視並且努力減少前述的各項危險因子。**不少人藉由減重、運動、戒菸、戒酒或改變飲食習慣，就能良好的控制血壓。**

同時，應該請醫師幫你安排一系列的檢查，排除因為腎臟、血管、心臟或內分泌系等疾病引起的繼發性高血壓。繼發性高血壓必須同時治療這些疾病，才能有效的控制血壓。此外，高血壓患者經常合併糖尿病及高血脂症，也必須一併檢查與治療。

III 不治療，可以嗎？

高血壓是中風，心肌梗塞，心衰竭，主動脈瘤（剝離）及周邊動脈疾病的主要危險因素之一，也是慢性腎臟病的原因之一。依據國民健康署的研究，高血壓如果沒有治療，未來罹患腦中風、心臟病、腎臟病的風險是沒有三高民眾的 2.84、1.93、1.66 倍。根據文獻，血壓降低 5 mmHg 可以減少 34% 的中風及 21% 的

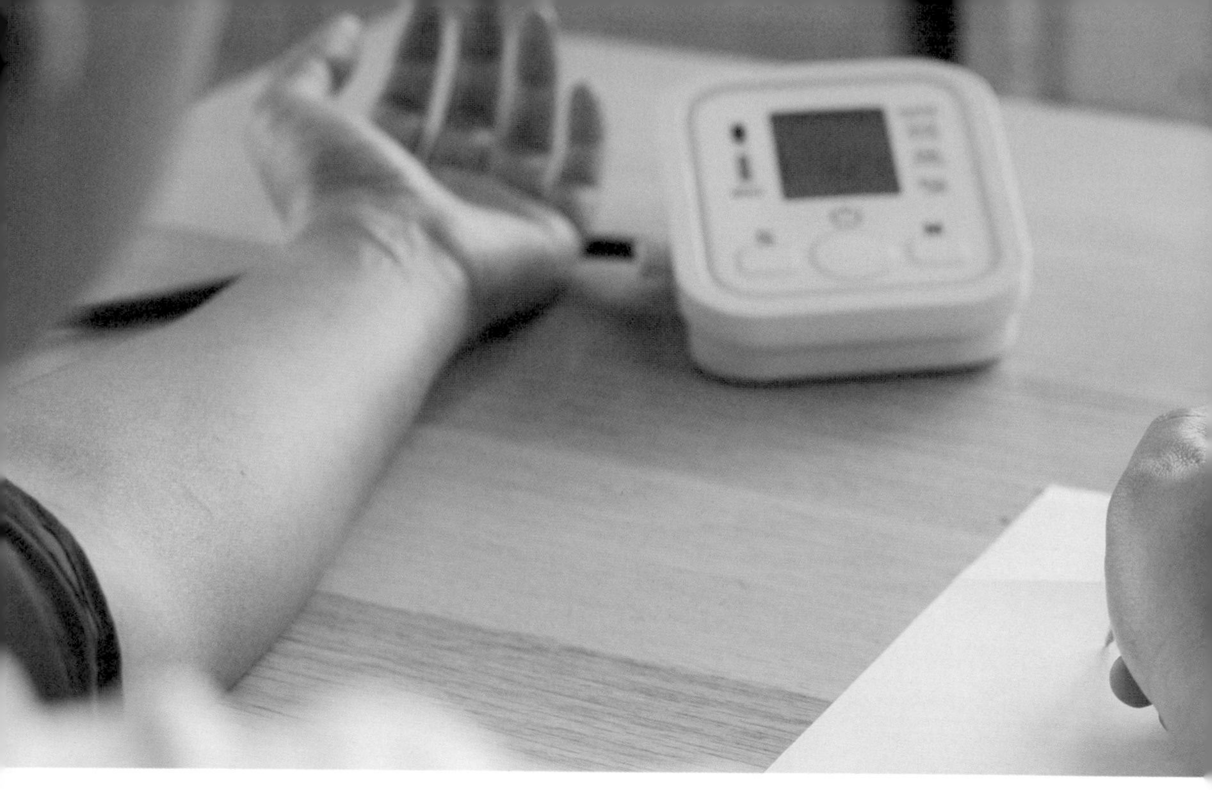

缺血性心臟病發作的危險。**有效的控制血壓可以降低由心血管疾病引起的腦癡呆、心臟衰竭和整體死亡率。**

Ⅲ 高血壓藥物的選擇

口服藥物前要先奉行低鈉鹽飲食。**單獨使用低鈉飲食四週以上，就能有效的降低血壓**，同時要多吃堅果、全穀類、魚類、水果和蔬菜。這些食物含有豐富的鉀、鎂、鈣和蛋白質，有助於血壓的控制。

臨床研究建議，高血壓一期的患者以低劑量的噻嗪類的利尿劑（Thiazide Diuretics）或鈣通道阻滯劑（CCB），如國人常用的脈優（Norvasc），做為初期治療的藥物。

高血壓二期的患者則建議使用兩種藥物合併治療。

一、**首選的組合：**鈣通道阻滯劑＋血管收縮素轉化酶抑制劑（ACEI），或腎素血管緊張素系統抑制劑＋利尿劑

二、**其他的選擇：**鈣通道阻滯劑＋利尿劑，貝塔受體阻斷劑（Blocker）＋利尿劑，血管收縮素受體阻斷劑（ARB）＋貝塔受體阻滯劑，血管收縮素受體阻斷劑＋鈣通道阻滯劑。

控制體重與適當運動、減少高血壓的危險因子、按時服用藥物、每日早晚測量血壓、定期檢測心電圖、定期抽血追蹤血糖、血脂肪、肝腎等功能，均是有效控制高血壓的重要方針。

LESSON 18

為健康出征
三高重要筆記：糖尿病篇

相較於高血壓，糖尿病是一個複雜許多的疾病。一般將糖尿病分為四大類，每一大類的病因以及治療的方式都不相同。但是，與治療高血壓時要求血壓控制在一個穩定的範圍內一樣，治療糖尿病時，我們希望代表長期血糖控制的「糖化血色素」，維持在 7% 以內，以減少糖尿病併發症，例如腎衰竭、心血管疾病以及腦中風的機率。

認識糖尿病

糖尿病不是一個單一的疾病，它是一群疾病，但是都具有共同高血糖的表現。既然不是單一疾病，那麼致病的原因不同，治療的方式也不太一樣。醫學上大致把糖尿病分為四大類：

（一）、第一型糖尿病
（二）、第二型糖尿病
（三）、妊娠糖尿病
（四）、其他特殊型糖尿病，例如：由藥物或疾病引起。

第一型糖尿病又稱為「胰島素依賴型糖尿病」，主要導因於身體的免疫系統破壞自己胰臟的胰島細胞，造成身體無法分泌胰島素，所以治療的方法只能給予胰島素注射。第一型的糖尿病例占不到 5%。

第二型糖尿病則占所有病例的 90 ～ 95%，這一類型的糖尿病與基因和家族病史有關，通常在 40 歲以後發病，但是因為飲食習慣的改變，有愈來愈年輕化的趨勢。這一類型的糖尿病以口服降血糖的藥物治療為優先。

第三類型或第四類型的糖尿病，有可能在致病的原因去除後，自然痊癒。

Ⅲ 糖尿病的症狀

糖尿病的早期通常沒有什麼症狀，通常在抽血檢查時才意外發現。比較嚴重的糖尿病患者會出現三多一少的症狀：喝得多、尿得多、吃得多，但是體重卻減少。

長期控制不良的糖尿病，在晚期（20 ～ 30 年後）會出現許多併發症，例如末梢神經炎、冠狀動脈阻塞、中風、腿部末梢血管阻塞、視網膜病變及腎臟衰竭等疾病。

所以，長期且規則的接受藥物治療，並且讓糖化血色素控制在 7% 以下，是預防這些併發症的唯一方法。

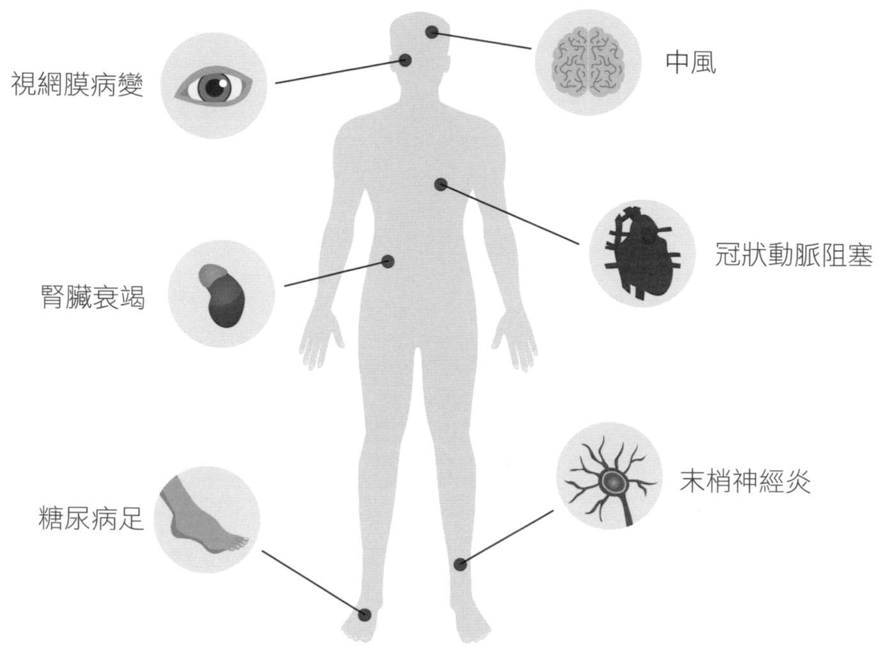

▲ 糖尿病的諸多併發症。

Ⅲ 糖尿病的診斷

糖尿病是因為身體對糖分的代謝產生異常，造成長期血液中的糖分過高，進而引發各種併發症，例如前述的冠狀動脈疾病（心肌梗塞）、腦血管疾病（中風）、慢性腎臟病（尿毒症）、雙腳末梢血管阻塞（糖尿病足）等。

當食物中的碳水化合物經由消化、代謝後轉換成葡萄糖，再經由血管運送到全身的細胞。這時候，胰臟的胰島體細胞同步分泌胰島素，負責讓葡萄糖進入細胞內，進行有氧代謝，產生能量，養活細胞。

人體細胞膜上有胰島素接受器負責此項功能，如果接收器功能不良或者胰島素分泌不足，就會產生糖分的代謝異常，導致血液中的糖分升高，也就是糖尿病。

臨床上，診斷糖尿病需要抽取空腹八小時後的血糖，標準值是 100 mg/dl 以下，如果大於 125 mg/dl 就診斷為糖尿病。醫生通常會同時檢驗糖化血色素，也就是血液中糖分與紅血球內的血色素結合的比例。

一般紅血球的壽命約 3 ～ 4 個月，因此糖化血色素可以反映過去 2 ～ 3 個月的血糖狀況。糖化血色素正常值在 4.0 ～ 5.6% 之間，當數值高於 6.5% 時，則確診為糖尿病。

數值	正常值	糖尿病
血糖	< 100 mg/dl	> 125mg/dl
糖化血色素	4.0 ～ 5.6%	< 6.5%

11 服用降血糖的藥物前，要先做哪些事情？

首先要檢視自己的 BMI 值 [體重（kg）／身高^{2}（m）]，以及飲食及運動的習慣。一般成人的 BMI 值應該維持在 21 ～ 23 之間，至少應該控制在 25 以下。

肥胖會使得胰島素接受器的功能降低，導致血糖的上升，運動則可以促進血糖的代謝與使用。

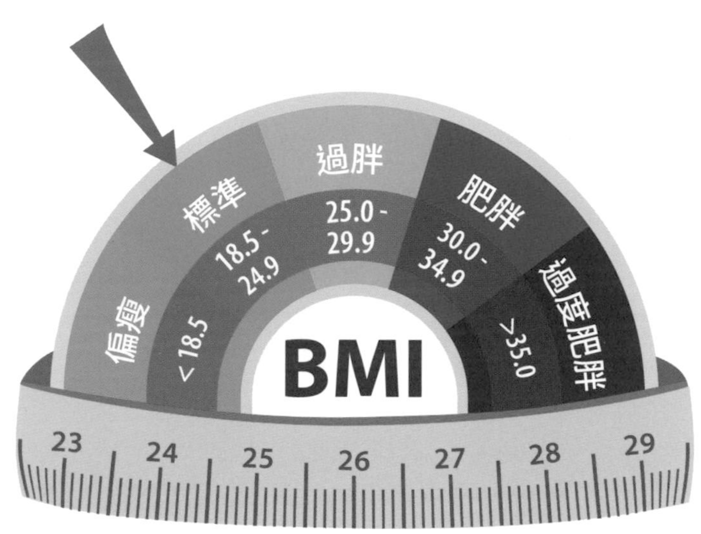

▲ 身體質量指數（BMI）應維持在標準值範圍內。

減重只有一個方法，就是讓攝取的卡路里總量低於每天消耗所需的總量，停止吃消夜、零食、飲料以及減少每餐的分量是不二法則，同時盡量用蔬菜來取代水果的攝取，因為臺灣的水果都太甜。

成人每天應該至少有 60 分鐘的中度活動（如走路），或 30 分鐘的重度活動（如慢跑）。年長者常常因為膝關節或者是背部的疼痛無法進行運動，可以用固定式腳踏車或游泳來取代。

應該避免攝食碳水化合物嗎？

在 2018 年《刺胳針公共衛生》（*The Lancet Public Health*）發表的研究顯示，每人每日攝取的食物總熱量中，碳水化合物（如米飯）至少應該能夠提供 50 ～ 55% 的能量，這樣才能活得長久與健康，尤其是大腦要消耗大量的糖分，而碳水化合物是糖分主要的來源。

糖尿病患者應該避免直接攝取糖或升糖指數太高的食物，而非刻意不去攝取碳水化合物。升糖指數是指我們吃進的食物，造成血糖上升速度快慢的數值，例如白麵包是 100，而全麥早餐穀類就只有 43；西瓜汁是 103，而櫻桃就只有 32。數值愈低，血糖的波動幅度就愈小，對糖尿病患者來說，較為有益。

糖尿病藥物的選擇

口服降血糖藥物的種類非常多，各自有不同的作用機轉，也有著不同的副作用。早期的藥物，如雙胍類，可以降低肝臟生成葡萄糖，降低小腸吸收葡萄糖，提升周邊組織利用葡萄糖，以及減少胰島素的抗性，至今還經常被單獨使用，或是與其他的新藥合併成為複方劑來使用，例如合併 TZDs、DDP-4 抑制劑或 SGLT2 抑制劑。

最近許多研究發現，SGLT2 抑制劑可以降低腎絲球壓力，保護腎臟並且減少心臟衰竭的發生。早期糖尿病患使用它，可以減少末期腎臟病的風險，所以建議慢性腎臟病患或是心衰竭病患合併糖尿病時，應該優先使用 SGLT2 抑制劑。

近期一款新的針劑型降血糖藥物——GLP-1 抑制劑，可以提升胰島素的分泌、降低升糖素以及減緩胃部排空，它的副作用是降低食慾、噁心、嘔吐以及體重減輕，所以有人拿來當作減重的藥物。

嚴重的糖尿病通常需要兩種以上的藥物配合治療，如果還無法有效的將糖化血色素控制在 7% 以下，那就需要加上胰島素皮下注射。

控制體重與適當運動、定時定量攝取食物、按時服用藥物或注射胰島素、定期追蹤空腹血糖、糖化血色素、肝腎功能、血脂肪等，是有效控制血糖的重要方針。

LESSON 19

為健康出征
三高重要筆記：高血脂症篇

雖然飲食習慣與高血脂症有很大的關聯，但是血液中的膽固醇，其實超過三分之二是由肝臟合成。所以，年輕人的高血脂症，通常是因為遺傳基因缺陷，導致代謝異常所致。而且，高血脂症是一個隱形性疾病，平時幾乎沒有什麼症狀，但是高血脂症是引起動脈硬化的主要原因，所以即使是年輕人，也應該定期檢查血脂肪及其分類。

認識高脂血症

高血脂症（Hyperlipidemia）是指血液中的膽固醇或三酸甘油酯（Triglyccride, TG）增加。

血液中脂肪的成分

人體血液中含有四種脂肪：**膽固醇、中性脂肪、游離脂肪酸和磷脂類**。血清中的膽固醇是一種油和蛋白質的複合體，大部分由肝臟製造。

一般來說，有三分之二的膽固醇是在體內自行合成，三分之一則來自食物的攝取。

三酸甘油酯的來源有兩種：

一、**外源性三酸甘油酯：**由腸道吸收食物中的脂肪，經過消化吸收後，與蛋白質結合而以乳糜微粒（Chylomicron）的形式進入血液循環，再由肝臟、脂肪組織及末梢組織儲存。

二、**內源性三酸甘油酯：**由肝臟合成而釋放入血液。

膽固醇與三酸甘油酯一樣，都是人體中的脂質，它們不能溶解於水，在血液中要先與蛋白質結合，形成可溶性的脂蛋白（Lipoproteins），再輸送到各器官組織。脂蛋白是以親水性蛋白質和磷脂質為外膜，內部則為疏水性脂質的球粒結構。

◍ 血液中脂蛋白的種類

脂蛋白依照密度分為：**極低密度脂蛋白**（VLDL）、**低密度脂蛋白**（LDL）及**高密度脂蛋白**（HDL），各自含有不同比率的膽固醇、三酸甘油酯、磷脂質及蛋白質。

極低密度脂蛋白主要的成分為三酸甘油酯，於肝臟或小腸內合成，但若食入大量的脂肪或醣類，會增加極低密度脂蛋白的合成。血中 60 ～ 70%的膽固醇是以低密度脂蛋白攜帶，它們主要是將膽固醇由肝臟帶到周邊組織。

低密度脂蛋白膽固醇過高所引起的高膽固醇血症，是冠狀動脈硬化和心臟疾病的危險因素。所以，**低密度脂蛋白膽固醇被稱為「壞」的膽固醇。**

另外，血中 20 ～ 30%的膽固醇以高密度脂蛋白運送，主要是將周邊組織的膽固醇帶回肝臟代謝。高密度脂蛋白膽固醇愈高，罹患冠狀動脈心臟疾病之機率愈低，所以**高密度脂蛋白膽固醇，被稱為「好」的膽固醇**。

	極低密度脂蛋白（VLDL）	低密度脂蛋白（LDL）	高密度脂蛋白（HDL）
密度	0.95 ～ 1.006	1.006 ～ 1.06	最高
合成部位與來源	肝、小腸、食物	在血漿中由 VLDL 轉變而來	肝、小腸、血漿
蛋白質含量（%）	5 ～ 10	20 ～ 25	最多
脂質含量（%）	90 ～ 95	75 ～ 80	最少
三酸甘油酯含量（%）	50 ～ 70	10	最少
磷脂質含量（%）	15	20	最多
膽固醇含量（%）	15	最多	20

原發性和繼發性高血脂症

原發性高脂血症與遺傳有關，可能是單基因或多基因缺陷，如家族性高脂蛋白血症，會導致參與脂蛋白轉運或代謝的接受器、酶或載脂蛋白異常所產生，或由於飲食、營養、藥物等原因造成。

繼發性高脂血症大多繼發於代謝性紊亂的疾病，例如糖尿病、高血壓、黏液性水腫、甲狀腺功能低下、肥胖、肝腎疾病、腎上腺皮質功能亢進。

家族性高脂蛋白血症

家族性高脂蛋白血症是造成許多年輕人罹患高血脂症的原因，其中最常見的是**家族性混和高脂蛋白血症**（Type IIb）及**家族性高三酸甘油酯症**（Type IV），這兩型的盛行率，估計約每一百人就有一人。

Type IIb 血液中增加的脂蛋白為 LDL 及 VLDL；Type IV 增加的脂蛋白為 VLDL，而 VLDL 的主要成分就是三酸甘油酯，也就是壞的膽固醇。

高血脂症的症狀

高血脂通常沒有明顯的症狀，但是血脂異常（Dyslipidemia），不論是高膽固醇血症、高三酸甘油酯血症或二者合併，都是動脈硬化的主因，會大幅的增加冠狀動脈心臟疾病，或是腦中風的機率。

同時，動脈硬化也是高血壓的主要原因，嚴重的高血壓可能伴有頭痛、頭暈、暈眩、耳鳴等症狀。

Ⅲ 高血脂症的診斷與治療

血液中總膽固醇（非禁食）的理想濃度為 ＜ 200mg/dl，低密度脂蛋白膽固醇（LDL）＜ 100mg/dl、高密度脂蛋白膽固醇（HDL）＞ 60mg/dl、而三酸甘油酯（禁食 12 小時之後測量）的理想濃度為 ＜ 130mg/dl。但是其中任何一項稍微偏離正常值，並不需要立即治療。

成人血膽固醇、三酸甘油酯濃度	理想濃度	需要治療
總膽固醇（非禁食）	＜ 200mg/dl	
低密度脂蛋白膽固醇	＜ 100mg/dl	
高密度脂蛋白膽固醇	＞ 60 mg/dl	＜ 35mg/dl
三酸甘油酯（禁食 12 小時）	＜ 130mg/dl	＞ 200 mg/dl

目前臨床上對於治療高血脂症的共識：當三酸甘油酯（VLDL）＞ 200mg/dl，且伴有總膽固醇與高密度脂蛋白膽固醇（HDL）比值＞ 5，或高密度脂蛋白膽固醇＜ 35mg/dl 時。如果病患有心血管疾病，在藥物治療的同時需要飲食控制；如果病患無心血管疾病，則先飲食控制三至六個月；如果飲食控制無效，再

以藥物治療。接受藥物治療後，必須定期檢查血脂濃度。

服用降血脂藥物前，須先做哪些事情？

如同高血壓與糖尿病等慢性病一樣，應該先檢視並且努力減少各項危險因子。運動少或肥胖是常見的危險因子，當身體得到高於實際需要的熱量，就會將多餘的熱量儲存為脂肪，引起血中三酸甘油酯增高。

食物中的飽和脂肪和反式脂肪酸是導致體內低密度脂蛋白（LDL）增高的主要原因，而牛肉、豬肉、全脂牛奶和蛋黃皆富含飽和脂肪酸，加工和油炸食品含有高濃度的反式脂肪酸。因此，盡量減少上述食物的攝取，可以有效的降低血脂肪。

不治療的危險

血脂異常，不論是高膽固醇血症、高三酸甘油酯血症或二者合併，都是動脈硬化的主因，會增加罹患冠狀動脈心臟疾病的機率。美國流行病學研究指出，血中總膽固醇濃度＞ 244 mg/dl 時，冠狀動脈心臟疾病的致死風險為膽固醇＜ 182 mg/dl 的 3.4 倍。另外，血液中總膽固醇濃度每下降 10%，冠狀動脈心臟病的得病風險可減少 20 ～ 30%。

高血脂藥物的選擇

膽固醇合成抑制劑（Statins）

Statins 可以抑制膽固醇合成步驟的酵素 HMG-CoA 還原酶（HMG-CoA reductase），是目前被認為效果最好的藥物。研究顯示，冠心病的患者接受 Statins 藥物治療時，總膽固醇濃度每下降 10%，死亡風險可減少 15%。

纖維酸鹽衍生物（Fibric-acid Derivatives）

Clofibrate 及 Gemfibrozil 能增加膽固醇分泌至膽汁的量，因而增加其由糞便的流失量；也能升高周邊脂蛋白分解酵素的活性，加速周邊組織脂肪的移行並促進肝臟回流量，其降低血液三酸甘油酯的程度大於膽固醇。

Ezetimibe

Ezetrol 作用機轉為抑制膽固醇以及相關植物固醇在腸胃道的吸收，進而達到降低血中膽固醇及 LDL 的作用（約可降低 LDL 18 ～ 20%）。

PCSK9 抑制劑（Proprotein Convertase Subtilisin Kexin-9 inhibitor）

如 Evolocumab、Alirocumab，可以防止由 PCSK9 調節的 LDL 接受器降解，進而使得肝臟細胞表面 LDL 接受器的受體數目增加，導致血清 LDL 減少。

研究指出，合併使用 Statin 及 PCSK9 抑制劑，LDL 可再降約六成、降低心血管事件發生率，提高 LDL ＜ 70mg/dL 的達標率。

治療三高的法則都一樣，飲食控制、體重控制、適當運動、減少高血脂症的危險因子、按時服用藥物，合併有高血壓或糖尿病時，每日早晚測量血壓、定期抽血追蹤血脂肪、血糖、肝腎等功能，是控制高血脂症的重要方針。

LESSON 20

朝發夕死的「心」痛！

心肌梗塞的認知與預防

古代中醫書《黃帝內經》上記載「真心痛、朝發夕死。」心肌梗塞不是文明病，古代就有，只是現代人過著「員外」生活的人愈來愈多，三高（高血壓、高血糖、高血脂）一項不缺，所以讓心血管疾病變成國人的第二大死因。

認識心肌梗塞

心臟每分鐘跳動（收縮）70～100下，每次收縮向全身打出70～80 c.c.的血液，所以心臟每分鐘必須負責向全身供應超過5000 c.c.的血液。動脈的收縮壓力高達110毫米汞柱（大約8.5公尺水柱），可以想見心臟每分鐘在做多少工作，因此它需要強大的血管系統，來供應足夠的養分與氧氣。

三條主要的動脈及它們的分支像皇冠罩頂，灌流心臟左右兩邊的心房與心室的肌肉，稱之為「冠狀動脈」。

動脈粥狀硬化是造成動脈阻塞的主要原因。粥狀硬化的過程從年輕開始耗時數十年，罪魁禍首是在血液中輸送到全身、提供細胞養分的血脂肪。

在介紹三高的章節中提到，血脂肪分成三酸甘油酯與膽固醇；後者再分為高密度與低密度兩種膽固醇（HDL與LDL），HDL俗稱好的膽固醇，負責把周邊血管內用剩的脂肪回送到肝臟代謝與保存；LDL 俗稱壞的膽固醇，它在食物消化由胃腸道吸收或肝臟製造後，由血液輸送到全身供應細胞使用。

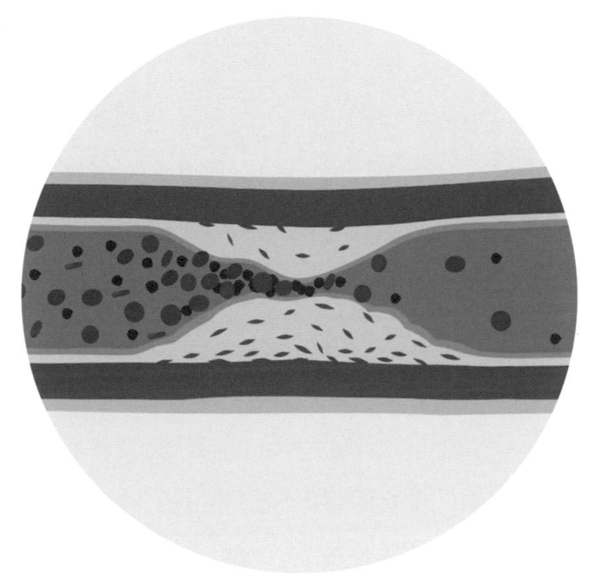

▲ 血脂肪在血管壁內膜與中膜之間堆積，造成動脈阻塞。

當 LDL 在血液中過量的時候，會穿過血管壁的內膜，堆積在血管壁的內膜與中膜之間，引起一系列的發炎反應，最後造成動脈的粥狀硬化並形成粥狀瘤。粥狀瘤破裂或形成的過程，會在血管內觸發血栓形成（Thrombosis），最終造成動脈完全阻塞，導致心肌梗塞。

心肌梗塞發生在三大條主要的冠狀動脈（尤其塞住其前端）可能會致命，發生在它們的小分支，則可能症狀輕微或渾然不知。

心肌梗塞的症狀

典型的心肌梗塞症狀是在胸腔的中央或左側，出現壓迫性的疼痛，有如重物壓住或扭緊的感覺，疼痛可能會轉至頸部、下巴或是左側的肩膀、手臂。疼痛一般會持續幾分鐘或更久，疼痛的程度可能也有所不同。

有些人會有胃部不適或灼熱、噁心的感覺，其他的症狀包括呼吸困難、近乎昏厥、盜汗等接近休克的狀況。有 20 ～ 30% 的患者會出現非典型的症狀，女性或糖尿病患者比較容易出現無症狀的心肌梗塞。

國外的研究發現，在大於 75 歲的人當中，約有 5% 會有無病史的心肌梗塞。10 ～ 20% 的患者會在心肌梗塞發作後死亡，死因可能是心肌梗塞後造成的心因性休克、心律不整或心臟破裂。

心肌梗塞的診斷

當醫師懷疑病患有心肌梗塞時，首先會安排心電圖檢查，通常可以發現典型的 ST 節段（ST Segment）上揚。心電圖有十二導程（Leads），心臟血管塞在不同的位置，會在不同的導程出現變化，因此醫師可以在做心導管前，大概知道阻塞在哪一條血管，方便後續的處置。

血液檢查也可以發現心肌缺氧壞死後，釋放到血液的一些特殊酵素，例如肌酸激酵素（CPK）及心肌肌鈣蛋白 -I（Troponin I）等。心肌梗塞後，醫師藉由心臟超音波檢查，可發現梗塞位置的心肌收縮不良。

⑪ 心肌梗塞的治療

心肌梗塞的治療只有一個法則，就是立即將病患送到有心導管設備的醫院，這些醫院都有 24 小時值班的「冠心症」急救團隊，盡快做心導管攝影檢查，進行氣球擴張術，然後置放支架，可以救回更多的心臟肌肉，減少以後心臟衰竭的機會。

支架是一種金屬的網狀製品，分為一般及塗藥支架，塗藥支架比較不會復發血管阻塞，但是需要自己支付健保差額。現在有一種生物工程支架，它不是金屬，置放後不需要長時間服用抗凝血劑，但是健保不給付。

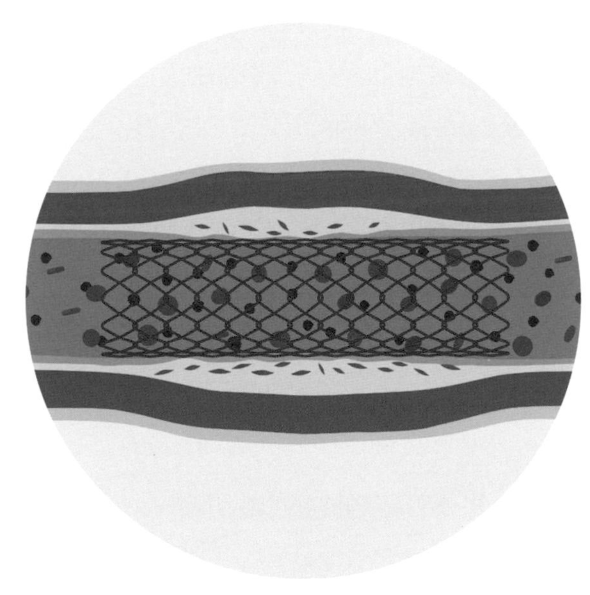

▲ 放置支架，擴張血管。

此外，醫師會給予抗凝劑，若有三高也會給予控制三高的藥物。心肌梗塞的癒後情形，端看塞住血管的位置、大小與嚴重性、是否及時進行心導管介入治療以及患者原本心臟的功能狀況等。

Ⅲ 心肌梗塞的預防

心肌梗塞一旦發生，即使救了回來，對心臟肌肉的損傷也已經造成，所以提早預防與事先處理，才是最重要的事情。心肌梗塞的危險因子有：年齡（＞ 40 歲）、性別（男性：女性＝ 2.8:1）、肥胖、抽菸、喝酒、熬夜、壓力、缺乏運動、高血脂、高血糖、高血壓等。

動脈就像自來水管一樣，只要用得夠久一定會有阻塞的問題，每一個人終其一生都要努力避免上述的危險因子，並且在中年以後，定期進行心臟冠狀動脈的健康檢查。

640 切電腦斷層心臟血管攝影是一個非侵襲性的安全檢查，若是發現異常，可以進一步進行運動心電圖以及核醫科的心肌灌注掃瞄檢查。若確定嚴重阻塞時，提早進行心導管介入治療並植入支架，可以預防日後的憾事發生。

心肌梗塞是個人人有機會得到的疾病。生活環境改善與醫療科技進步讓人類活得愈來愈老，但是上天給我們的身體保固期卻只有 50 歲。50 歲之後的超齡使用期，則需要小心的呵護與保養。

Chapter

06

失控的人體空調——肺的毛病

LESSON 21

老年人的親密戰友 十大死因第三名：肺炎

依據衛生福利部的調查：民國 110 年肺炎是國人十大死因的第三名，該年度國人有 13549 人死於肺炎，與 11 年前（民國 99 年）相比，由第四名升至第三名。人口老化是肺炎死亡人數不斷攀升的主要原因。

依據統計，肺炎死亡的人口主要集中在 70 歲以上的老人。老年人由於抵抗力較差，而且通常伴隨有心、肺等疾病或其他慢性病，所以比較容易感染並死於肺炎。

肺炎的成因

肺炎是由於病原菌感染肺部所造成的疾病，常見的病原菌包括細菌、病毒、非典型的細菌，例如肺結核菌、黴漿菌以及寄生蟲等。病原菌經由飛沫傳染進入下呼吸道（細支氣管及肺泡），在肺部內大量繁殖。

此時，為抵抗病原菌的入侵，免疫系統出動大量的白血球細胞〔多為嗜中性白血球（Neutrophils）〕與之對抗，呼吸道也同時分泌大量的黏液，來保護黏膜細胞，吸附並移除戰亡的細菌，免疫細胞的屍體以及被破壞的肺部組織。這就是咳嗽的原因與濃痰與血痰的來源。

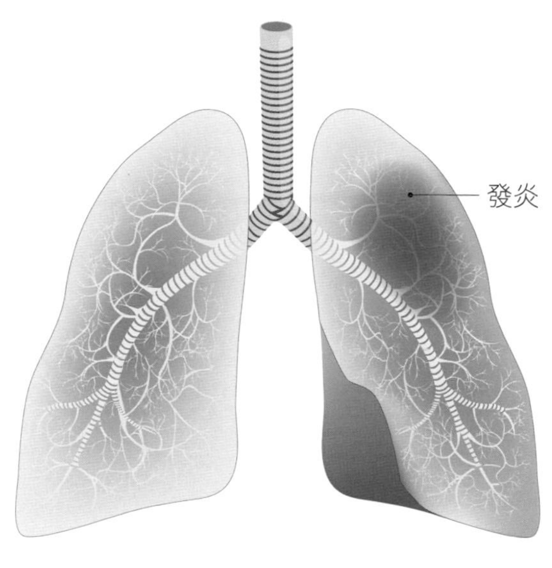

病因

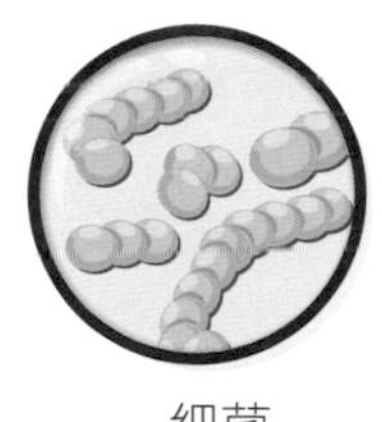
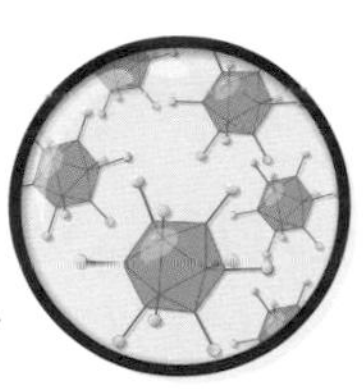

▲ 肺炎的病原菌。

是感冒，還是肺炎？

感冒是一種病毒感染，它的症狀雖然集中在上呼吸道，例如流鼻水、喉嚨痛、咳嗽等，**但是它是一種全身性的疾病**，會伴隨發燒、全身痠痛、骨頭痛等全身發炎的症狀。

肺炎的症狀多以咳嗽、黃痰、膿痰（甚至血痰）為主，通常伴有發燒，但是年長者或免疫力差的人，可能沒有發燒的症狀。**肺炎是一種下呼吸道的感染，所以大多沒有喉嚨痛、流鼻水等上呼吸道感染的症狀。**

肺炎的類型

臨床上為了利於判斷抗生素的選擇，將肺炎分成四種類型：

一、**社區型肺炎**最常見的感染病原體是革蘭氏陽性菌（如肺炎鏈球菌）、黴漿菌或病毒，因此醫生在選擇抗生素時，會選擇有效殺死前述兩種細菌的抗生素。若懷疑是病毒感染時，就會使用抗病毒的藥物。

二、**院內感染型肺炎**大多是革蘭氏陰性菌感染，它的病程通常快速而猛烈，死亡率極高，醫生通常會立即選用第二線和第三線抗革蘭氏陰性菌的抗生素。

三、**吸入型肺炎**大多發生在年長者或是長期臥床的患者。他們吸入藏在口腔及上呼吸道內的細菌，造成肺部的感染。這些細菌大部分都是厭氧菌，所以要選用能消滅厭氧菌的抗生素。

四、免疫功能缺損型肺炎的患者多半是正在接受化學或放射治療、白血病或淋巴癌的患者。這些患者由於免疫功能低落，所以可能得到各種罕見的病原菌感染，治療前需要盡量透過各種檢查，先取得患者的檢體進行病原菌的培養，再針對培養出的病原菌加以治療。

肺炎的治療

若依照前面所提到的情況，肺炎的治療似乎算是簡單，只要找出病原菌，針對病原菌給予有效的抗生素就可以了。既然如此，為何肺炎仍然高居國人十大死因的第三名？因為即使經過各種努力取得患者的檢體，例如痰液、肋膜積液、經氣管鏡取得的肺泡沖洗液等加以培養，仍然有高達三至五成的患者，無法成功的培養出真正的致病菌，醫師只能憑著經驗給予抗生素治療。

再者，雖然依據病原菌給予最適當的抗生素治療，但是可能因為患者本身的免疫力太差或是伴有嚴重的共病症，例如心臟、肝臟或腎臟衰竭而導致治療失敗，造成死亡。

施打肺炎疫苗有沒有效？

目前市面上有兩種針對肺炎施打的疫苗是肺炎鏈球菌疫苗。換句話說，這種疫苗對於「非」肺炎鏈球菌感染的肺炎是無效的。由於肺炎鏈球菌是社區型肺炎最常見的感染細菌，所以還是鼓勵抵抗力較差的老年人或幼兒，以及患有嚴重心、肺疾病的患者，每五年施打一次此種疫苗。

⓵ 肺炎的預防

肺炎是透過飛沫傳染的疾病，所以盡量減少出入公眾場所，出門戴口罩，回家勤洗手。透過注重均衡的飲食，良好的運動習慣來維持正常的免疫力。需要時，可定期施打疫苗，減少罹患肺炎的機會。

西方人常謔稱肺炎為老人的親密戰友，因為它常會帶走病痛纏身的老人，為他們帶來解脫。因此，家裡若有老人，更需要多留意肺炎的影響。

LESSON 22

喘不過氣來，怎麼辦？

阻塞型呼吸道疾病

走路會喘時，國人一般會選擇到心臟科就診，殊不知呼吸道阻塞是另外一個喘不過氣的重要原因。「阻塞型呼吸道疾病」是國人除了肺癌與肺炎以外的肺部三大疾病之一。常見的阻塞型呼吸道疾病包括「氣喘症」及「慢性阻塞性肺病」。

01 氣喘症

相對於慢性阻塞性肺病，國人對於氣喘症較為熟悉，它是人類對於環境中的一些過敏原引起的過敏性反應。當過敏原進入呼吸道後，經由過敏免疫反應，引起支氣管壁上的黏液腺體產生大量的黏液，以及平滑肌產生收縮造成呼吸道的狹窄與阻塞，進而使得肺通氣減少、氣體交換不足，形成血氧濃度下降以及二氧化碳濃度增加。依據前述的病理反應，患者會出現咳嗽與大量黏稠的白痰，呼吸困難與呼吸時出現哮鳴聲，這些症狀好發於半夜或清晨時。

氣喘的盛行率在學齡兒童約為 12 ～ 14 %，在成人約為 3 ～ 5% 或更高一些。氣喘首次的發作，可能發生在各個年齡，但是大多數都在年幼或年輕時發作，這類的患者通常伴隨著上呼吸道（鼻子）的過敏或異位性皮膚炎，血液中常常可以偵測到過敏原的抗體，例如塵蟎、蟑螂、寵物（如貓、狗等）的皮屑、食物

（如螃蟹、蝦子等）或因季節的更迭（如三四月的梅雨季）等，常引發患者的氣喘發作。

另外，一部分氣喘的首次發作發生在成年或是中老年時，這類的患者血液中通常找不到過敏原的抗體，他們的發作常伴隨著上呼吸道感染發生。對這些人而言，如何避免上呼吸道感染而引發氣喘發作就更為重要。

關於氣喘是否適合養寵物，我們會在下一章節中詳細說明。

⓫ 慢性阻塞性肺病

慢性阻塞性肺病簡稱為「肺阻塞」，國人的盛行率大約為6～10%，造成肺阻塞常見的致病因素為：吸菸、燃燒生物性燃料（如燃燒木材煮飯或取暖）、反覆呼吸道感染等。肺阻塞不會在短時間內發生，它是因為患者長期暴露於上述的病因，造成呼吸道慢性發炎，最後細支氣管的組織結構被破壞，導致肺泡融合形成大氣泡，黏液腺體肥大產生大量痰液。綜合上述兩個病理變化，導致呼吸道的痰多與阻塞。

所以，這類患者的年齡較高，大部分在50歲以上。呼吸道阻塞會造成肺部通氣困難，空氣無法順暢進出肺部進行氧氣交換，最後導致肺部換氣不足，造成血中氧氣濃度下降及二氧化碳濃度增高，而前者會刺激腦部的呼吸中樞，增加呼吸的速度與深度來提升通氣量，導致患者呼吸困難與呼吸急促。

依組織的病理變化不同，慢性阻塞性肺病大致可分為兩類：

一、**肺氣腫：**主要的病理變化在於呼吸道的破壞，造成肺泡的融合與大氣泡的形成。這一類的患者痰液較少、血氧濃度下降較不嚴重，所以比較不會形成肺心症及下肢水腫（肺心症：指因為嚴重肺部疾病而造成心臟衰竭）。

二、**慢性支氣管炎：**主要的病埋變化在於呼吸道的黏液腺體增大，造成痰液的增加，阻塞了呼吸道。這一類的患者由於痰液較多，咳嗽的症狀比較嚴重，而且因為呼吸道阻塞比較嚴重，所以血氧濃度下降比肺氣腫的患者嚴重，常會導致肺心症。

綜合言之，**咳嗽、多痰、呼吸困難**（尤其是在上下樓梯或運動時）與**容易呼吸道感染**是這類患者的特徵。

Ⅲ 最先進治療方式與藥物

針對阻塞型呼吸道疾病的最先進治療，應該是使用吸入型的藥物治療。吸入型製劑透過輕巧的攜帶型吸藥裝置，讓最少量的藥物直接進入到最需要治療的肺部細支氣管，於短時間內在肺部達到最高的療效濃度。因為吸入型製劑使用的藥量少，由肺微血管回收至血液中的藥物濃度就很少，所以可以大幅的減少藥物的副作用。

依據藥理作用的不同，吸入型製劑大致分為三類：

一、**吸入型類固醇製劑：**利用類固醇的抗發炎效應，可以有效的降低支氣管的發炎反應以及減少痰液的產生，達到改善細支氣管通暢的目的。正如前述，吸入型的藥回收到血液的濃度非常的少，所以幾乎沒有一般口服類固醇的副作用，患者可以放心的使用。

二、**吸入型抗乙醯膽鹼製劑：**這類藥物透過降低迷走神經的作用來減少細支氣管的收縮，達到擴張細支氣管與增加肺通氣量的目的。同時，藥物會引起口乾與排尿的困難，老人家使用時要注意這些副作用。

三、**吸入型長效性乙二型刺激劑：**此類的藥物主要的作用在直接促使細支氣管擴張，達到增加肺通氣量的目的。它們通常與吸入型類固醇併用，放置於同一個吸入器內，稱之為「合併治療」（Combination Therapy）。由於上述兩種藥物同時使用時，可以達到治療的加乘效果（1 ＋ 1 ＞ 2），是目前標準的治療模式。

慢性阻塞性肺病的治療可以依據疾病的嚴重度，選擇單獨使用抗乙醯膽鹼吸入劑，或前述的合併治療。病況嚴重的病患，可以同時使用上述的三種吸入型藥劑。

除了藥物的治療，建議患者（尤其是 65 歲以上）定期接種感冒疫苗（每年一次）以及肺炎疫苗注射（每五年一次）。另外，可依據年齡選擇適合的運動，每週至少兩次，每次應達到個人體適能的最大承載。

氣喘症的患者要特別避免接觸過敏原，肺阻塞的患者一定要戒菸或避開空氣污染源。同時，建議患者依據醫師的囑咐長期、定期服藥，任何停藥應與醫師商量，因為氣喘症或肺阻塞病的急性發作，有可能會致命。

LESSON 23

躲在肺部的貓
氣喘與寵物

現在的年輕人寧可養貓、養狗，也不要養小孩。養寵物除了可以排遣孤獨，也成了一種時尚。更有趣的是，很多醫學院的學生跟我分享，如果交往的對方養寵物，可以推斷她（他）應該是一個有愛心的人。

秋冬的「貓喘症」

對胸腔科的醫師來講，中秋節除了是重要的節日之外，也代表著天氣開始變冷，進入忙碌的季節了。秋冬的季節代表病毒的傳播開始活躍，包括流行性感冒及細菌性肺炎在內的各種呼吸道感染症變多了。

另外，每年十月到隔年五月，臺灣的空氣品質都比較糟糕，氣喘發作和慢性支氣管炎惡化的機會變多，這些患者常會有咳嗽及呼吸困難的症狀。所以，每年秋冬季就會很有多人因為感冒咳嗽，或是氣喘發作到醫院就診，照了胸部 X 光之後，意外發現得了肺癌。胸腔科醫師常常會開玩笑的說：「秋天、冬天是肺癌診斷的高峰期。」

其實，肺癌與季節無關，但是呼吸道感染症、氣喘發作與慢性支氣管炎的惡化，特別好發在秋冬季。

氣喘症的患者幾乎都會有咳嗽的症狀，通常咳嗽會在夜間比較明顯，而且會帶有黏黏、牽絲的白色痰液。患者同時會有胸悶及喘不過氣來的感覺，嚴重者呼吸時會有像貓咪在叫的哮鳴聲。我常常對患者說：「這是你的肺裡面躲著一隻貓在哭，只要把貓抓出來就好了」，並且戲稱這種喘是「貓喘」。

寵物與過敏原

然而，貓跟氣喘的因果關係還不僅是如此而已，我把氣喘稱之為「貓喘症」，其實也可以稱為「狗喘症」。所以，接著就來談談貓、狗與人之間的三角習題。

在胸腔科的門診，我們會幫氣喘的患者抽血檢驗 29 種常見的過敏原、免疫球蛋白 IgE 以及血液中嗜伊紅性白血球（一種負責過敏反應的白血球）的總數。

2020 年 9 月到 2021 年 3 月這半年時間內，我們為總數 68 位氣喘患者進行上述檢查，發現接近一半的患者（32 人），血液中出現至少一種以上的常見過敏原。這 32 人的年齡分布很廣，從 15 到 74 歲，但是大多數小於 40 歲（20 ／ 32 人），男女比例則接近 1:1（15:17，男：女）。其中，**塵蟎是最常見的過敏原**。32 位檢出過敏原陽性的患者，全部對塵蟎過敏。

有趣的是，32 位之中有 10 位（31%）同時對狗過敏，有 7 位（22%）同時對貓過敏。對狗過敏的 10 個人中，同時有 7 位對貓過敏，而對貓過敏的這 7 個人，則全部同時對狗過敏。

在醫學上，我們將過敏的等級分成六級，從最輕微的 1 到最嚴重的 6。我們發現對狗過敏的患者，他們對狗的過敏的強度大多數落在輕度的 1 ～ 3 級（9 ／ 10 位）。反之，對貓過敏的 7 位患者，大多是落在重度的 4 ～ 6 級（5 ／ 7 位），顯見對貓過敏，已經是一個嚴重而且不可忽視的議題。

避免過敏原的醫學建議

如果你經常有咳嗽或胸悶的問題，剛好你有養寵物，請到胸腔科的門診來看看是否患有貓喘症。同時，我們也建議氣喘的患者在就醫時，請醫師幫你抽血檢驗免疫球蛋白 IgE 以及血液中的嗜伊紅性白血球。這些檢驗可以反應出你現在的過敏強度，檢驗的指數應該在經過治療或避免接觸過敏原後，逐漸降低。同時，盡可能的檢查是否有空氣或食物的過敏原，**設法找出過敏原並且盡量避免接觸，是治療氣喘的最優先法則。**

從我們的統計分析發現，如果你對塵蟎過敏，那麼你就有很高的機會對狗、貓過敏。所以有過敏體質的人，並不適合飼養寵物。困難的是，要澈底避免塵蟎並非容易的事情，因為它們幾乎無所不在，要棄養心愛的寵物更是困難。我有一位年輕的女性患者，選擇為她的愛貓另外租了一間套房，跟貓分居之後，她的氣喘就大幅改善。如果不能如此，至少請避免讓寵物進入你的臥室，不要坐上你的沙發。

氣喘的治療

現在的醫學對氣喘的治療非常的進步，吸入型類固醇是治療氣喘的第一選擇，有些長效型藥物已經可以一天使用一次即可，非常方便。吸入型類固醇每次使用的劑量非常少，藥物吸到肺部作用後，回到血液循環的劑量更是微乎其微。所以即使患者是小孩，也可以放心的使用。同時，氣喘的藥物控制應該要在症狀得到完全控制後的三到六個月，才可以依照醫囑停藥。切記，**千萬不要因為症狀稍微改善就擅自停藥**，因為每次氣喘發作後，肺部會產生發炎反應，治療的時間不夠久就無法完全恢復。長期、多次累積肺部的發炎與損傷，最後會造成肺部的不可逆的損傷。

氣喘急性發作如果來不及送醫救治，會因為極度缺氧而造成死亡，著名的歌星鄧麗君就是因為如此而往生。現在醫學治療氣喘的目標，除了改善呼吸困難與咳嗽的症狀以外，更重要的是減少急性發作的機率，以及因而造成的死亡。

由於空氣污染以及各種環境污染的因素，罹患氣喘的患者愈來愈多，盡早就醫治療，檢驗出過敏原並且避免之，遵循醫師的囑咐，正確的使用藥物，是治療與控制氣喘的不二法則。

LESSON 24

肆虐全球的病毒 COVID-19，你該怕嗎？

根據衛生福利部的統計，民國 110 年臺灣死於肺炎的人數是 13549 人，位居當年國人十大死因的第三名，僅次於癌症與心臟疾病，而且死於肺炎的大多數是老人及患有重大傷病和慢性病的人。細菌和病毒感染是引起肺炎的主要原因。不幸的是，這些會感染人類造成疾病甚至死亡的病原菌，盤古至今，無所不在。

為什麼病毒和細菌無所不在？

科學家估計地球的歷史大約有 46 ～ 50 億年，大約 40 億年前開始出現病毒，35 億年前或更早，開始出現生命的共同祖先——單一細胞生物。現在感染人類的各種細菌，就是一種單一細胞生物。病毒比細菌更小，而且更早出現，所以病毒會感染細菌，嚴重時會造成其死亡。

隨著各種新物種的演化與誕生，這些病原菌也透過演化來適應、並選擇不同的宿主，同時透過感染宿主來進行複製、繁衍。因此，基因一代接著一代的傳遞，是物種生存的法則。250 萬年前人類祖先出現後，也逃不開這個宿命。

人類出現之後，原本感染其他物種的病原菌（包括病毒、細菌等），透過不斷的基因突變來進行演化與篩檢，最終出現可以感染並存活在人類細胞的新品種。其中，病毒因為是單軌的 RNA

或 DNA，在複製的過程中比細菌更不穩定，更容易突變產生新的品種，A 型流行性感冒病毒就是最佳的例子。

人類的免疫細胞（包括 T 細胞及 B 細胞），會對感染過的病毒及細菌產生專一的抗體和殺手 T 細胞，但是碰到突變後的新品種，便無法產生效應了。比方說，COVID-19 是從蝙蝠身上的病毒轉變過來的變種病毒，當人類碰上這種沒有見過的病毒，也只能乖乖的接受感染。

冠狀病毒

病毒和人類及其他物種一樣，透過基因決定外型和行為模式。人類和猴子共享 90% 的基因，但是和黑猩猩共享 98.8% 的基因，所以黑猩猩和人類的長相與生活模式更類似。

冠狀病毒（Coronavirus）屬於網巢病毒目（Nidovirales），所以這一類的病毒都長得很像，感染人類的模式也很像。它們因為有個外套膜，所以都怕酒精、怕胃酸，裡面有一個很長的單軌 RNA，在所有的 RNA 病毒中，它是最長的，大約有三萬個鹼基對。

COVID-19 的病毒，到底從哪來？

目前會感染人的冠狀病毒有七種，其中有四種是一般的感冒病毒，就是 HCoV-NL63、HCoV-229E、HCoV-HKU1、及 HCoV-OC43，上述四種是一般大人及小孩感冒的時候就會得到的冠狀病毒，分別屬於 α-CoVs 及 β-CoVs，感染後死亡率約為 0.03%。

另外有兩種變異的重症冠狀病毒：SARS-CoV 及 MERS-CoV（中東呼吸綜合症病毒：以前稱為 2012 年新型冠狀病毒，2012-nCoV），兩者都會造成高死亡率，約為 9.6%。

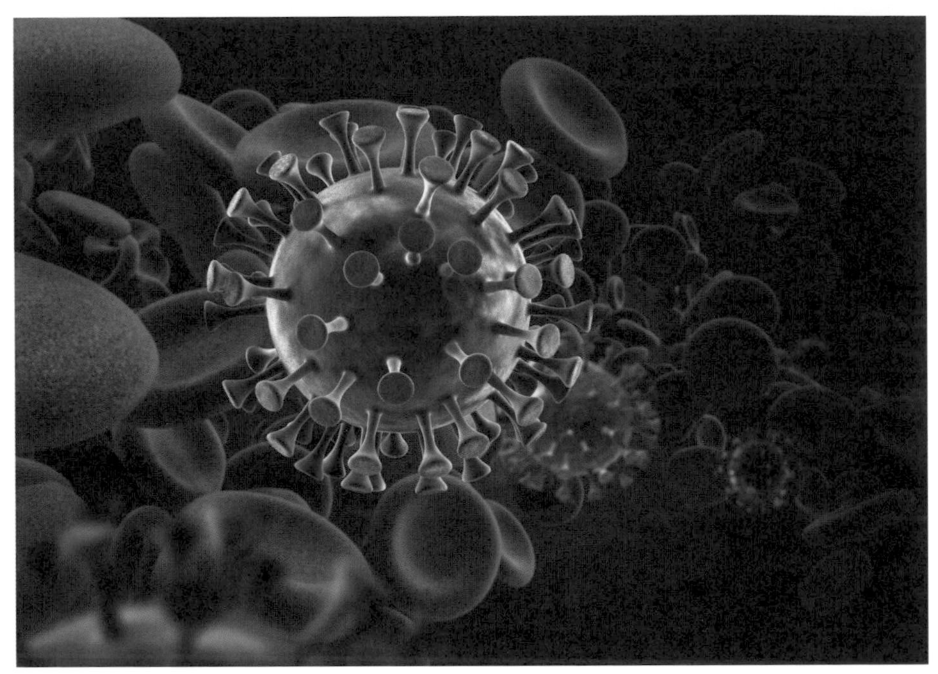

第七種則是最新的變異，也就是 2019 年起肆虐全球的新型冠狀病毒（2019-nCoV），死亡率介於流感與重症冠狀病毒之間，約為 2%，WHO 將其正名為 COVID-19（2019 Novel Coronavirus Disease）。《自然》（*Nature*）科學期刊發表的論文證實，這支病毒的最近親可能是一種雲南蝙蝠身上的病毒：Bat-CoV-RaTG13，相似度高達 96.2%。

過去，我們都認為冠狀病毒演化到感染人類，可能要有一個中間宿主。換句話說，從蝙蝠到中間宿主，再到人。但是，當病毒的上一個祖先跟它相似度達 96.2% 的時候，病毒有可能直接從蝙蝠感染人類，也就是說：不需要透過中間宿主。

病毒感染的發病機制

當個體接觸到具有人類傳染性的病毒後，是否會發病，有幾個重要的決定因素：（一）、**接觸的病毒數量**；（二）、**病毒的毒力**。病毒的毒力包含病毒的多種特性，例如：黏著宿主呼吸道黏膜的能力、穿進黏膜細胞的能力、複製增生的能力、製造及分泌毒性蛋白產生傷害的能力；（三）、**宿主的免疫力**。

第一項可以透過各種防疫措施來減少感染的機會，第二項可以使用抗病毒藥物來改善，第三項可以經由疫苗注射，治療宿主的共病症，來提升免疫力。

為什麼有些人的症狀輕微，有些人的症狀嚴重？

2019-nCoV 利用第二型血管收縮素轉換酶（Angiotensin-converting Enzyme 2, ACE2）做為入侵人體的門（接受器）。ACE2 主要存在肺、氣道上皮細胞、腎小管上皮細胞及腸上皮細胞。既然病毒進去的門是 ACE2，所以 ACE2 在細胞表現愈多的話，病毒就能找到愈多的機會進到身體裡面。因此，ACE2 的表現或許跟疾病嚴重度成正比。

研究顯示，抽菸者的 ACE2 基因表現比不抽菸者高。另外在老鼠的研究中發現，老鼠肺部的 ACE2 活性，隨著年齡愈大會愈高。或許從這些研究可以解釋，為什麼抽菸者及年長者成為重症的機會較高。

另外有研究指出，男性華人 ACE2 表現比較活躍，所以華人比較容易感染冠狀病毒或導致死亡。

III 病毒流感化

2019-nCoV 病毒會不會像某些病毒一樣，例如帶狀皰疹病毒，變成無症狀的潛伏，當人體免疫力變差的時候再復發？或是一再突變後弱化強度，之後每年反覆再來，例如 A 型流行性感冒病毒。

截至 2022 年 9 月中旬為止，2019-nCoV 病毒在兩年半的時間內，造成全球 6.1 億人口感染，以及 652 萬人死亡。這一支新興病毒透過大規模的感染，利用在人體身上複製的過程，透過不斷的突變，產生新的變異株。

最新的病毒變異株 Omicron -BA.4、BA.5 不僅可以重複感染已經感染過的人，還能逃過科學家利用 2019 年，初始感染時的病毒株設計出來的疫苗。值得慶幸的是，至少它類似 A 型流行性感冒病毒，經過不斷的突變與「宿主（人類）」篩選的結果（症狀愈輕微的病毒株，愈能減輕人類的警覺心，進而感染更多的人），演化出雖然感染能力更高，但疾病嚴重度及致死率卻更低的變異病毒株。

2019-nCoV 病毒逐漸流感化已經是有跡可循了，但是，會不會有少數的人會像帶狀皰疹病毒，變成無症狀的潛伏，至今仍然不知。

2019-nCoV 感染痊癒後的數個月內，少數人會出現遲發性的「多系統發炎症候群」（Multisystem Inflammatory Syndrome），而且大多發生在兒童身上，引起這種遲發性免疫反應的原因，至今仍然無法確認。

LESSON 25

什麼是「校正回歸」？

確診數字與疫情趨勢判定

2021 年 5 月 11 日，臺灣開始爆發嚴重 COVID-19 本土病例感染，並在六天後的 5 月 17 日來到新高峰的 335 人。之後的十天，每日確診人數維持在 400 到 550 之間。比較特別的是，在 5 月 22 日在每日的記者會中衛福部提出一個名詞——校正回歸，並且在當日一口氣回歸 400 位，將過去一個星期的人數一次回歸。因為當天是星期六，一度被懷疑是因為怕影響股市而每日「暗槓」了一些人數，到了假日再一次爆出。

要了解為什麼會有「校正回歸」出現，我們必須要先了解下面幾個重要的事情。

哪天才是確診日？

病患確診日是以 CDC（疾病管制署）收到病患檢體的陽性檢驗結果通知日為準。由於不是每一個負責採檢的醫院都能進行 PCR（聚合酶連鎖反應）核酸檢測，有些檢體需要送到其他負責檢驗的醫院或實驗室才能進行，中間就會有運送的時間差。

接著，負責檢驗的實驗室可能因為量能不夠（從檢體前置處理、上機到得到結果的時間大約四到六個小時），或是送來的時間已經超過當日的上機時間，該檢體就必須要等到第二天，才能進行檢驗。

另外，一開始通報的電腦系統作業程序繁雜，必須填寫的項目高達 20 種，也多少延誤登打檢驗結果的時程。所以，採檢後未能在兩日內完成檢驗結果，並且完成登入 CDC 的檢驗報告系統之個案，稱為「校正回歸」病例。

由於每一個案接受採檢時，不管未來的檢驗結果為何，採檢單位都得在採檢後立即通報 CDC，所以之後校正回歸的「確診日」會以採檢日期作為參考，這樣才能真正反映出病患的確診日期。

從流行病統計學的角度來看，準確回歸這些數據相當重要，因為這是正確推斷疫情控制的重要因子。

所以，在 2021 年，臺灣第一波疫情（這一波主流株是 Alpha 變異病毒株，又稱「英國變異株」），總共確診數 16230 例，843 例死亡。）爆發後四到六週，當政府大量擴充 PCR 檢測量能（包括擴充檢驗站、機臺及人力），以確保每一個案接受採檢之後，能在 24 小時之內，完成檢驗並將結果上傳至 CDC 網站，就不再出現「校正回歸」的情況了。

Ⅲ 如何判定確診？

利用鼻咽抹子檢體進行 PCR 核酸檢測，為目前全世界診斷 COVID-19 確染的黃金診斷（Gold Standard）。抗原快篩雖然檢驗的時間只需要 10 ～ 15 分鐘，方法簡單而快速，但是因為有很高的偽陽性及可能出現偽陰性，主要被用在高流行區域，針對高危險群或具有接觸史的人進行快速的篩檢，快速的找出可能必須進一步進行核酸檢測的病例。

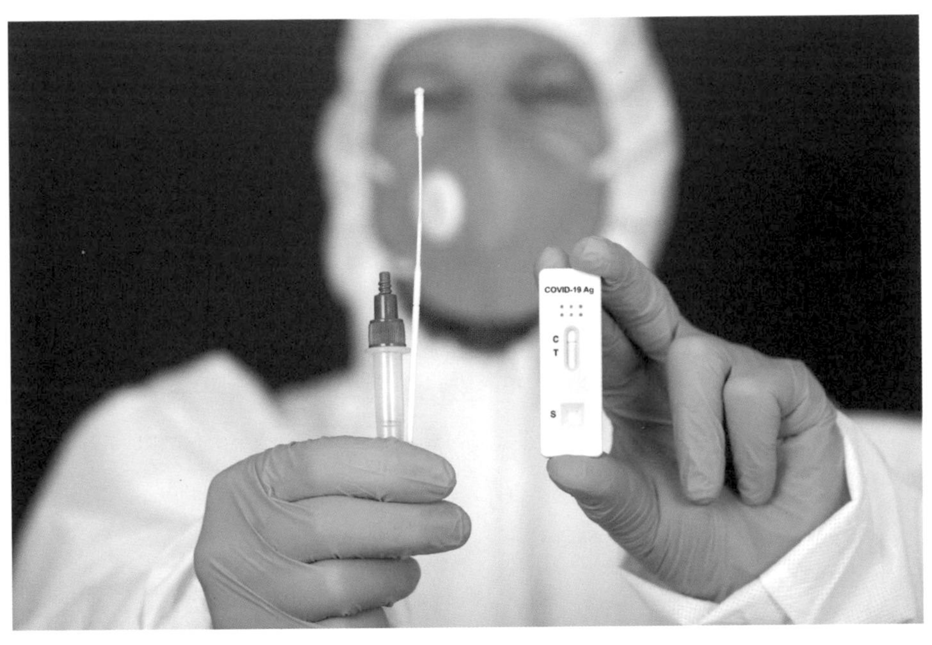

然而核酸檢測陽性的定義，各國可能有一點差異，臺灣確診 CT 值設在 35，對於介於 35 ～ 40 的病例，會繼續 2 ～ 3 次採檢確認。如 2 ～ 3 次採檢確診，則確診日會再回推至其最初的採檢日。

名詞解釋

一、**抗原快篩試片**：將已知的抗體（抗 COVID-19 抗體）事先塗抹在試片上，用來辨識並結合檢體內（鼻咽抹子檢體）的 COVID-19 病毒的蛋白抗原，再以免疫沉澱呈色後，用肉眼即可判讀結果。

二、**CT 值（Cycle Threshold Value，循環數閾值）**：核酸檢測透過 PCR 放大病毒的基因，每放大兩倍就是一個 CT 值，所以 CT 值 35 就是代表檢體病毒基因放大 2 的 35 次方倍才能觀測到。CT 值愈高，代表病毒量愈少。雖然 PCR 核酸檢測為診斷 2019-nCoV 感染的黃金診斷，但是當一個地區的感染病例達到每日幾萬例時，再大的 PCR 核酸檢測量能，也無法達到上述的當日（或 24 小時內）迅速確定診斷的目標。

此時，政府會權充以抗原快篩陽性，判定為確定診斷，以利防疫工作的進行。2022 年 1 月開始，臺灣爆發第二波的 2019-nCoV 疫情（此次主流株是較新的 Omicron 變異株），這波疫情從四月初的每日幾百人急速擴增，迅速的在 2022 年 5 月 27 日來到最高點的每日 94855 人，臺灣政府在當時（2022 年 5 月 26 日起）就宣布，使用家用快篩陽性者經醫師確認，即可視同確診。

三、**染疫「黑數」**：依據臺灣現況（2022/05/26 起）的防疫政策，只有 PCR 核酸檢測陽性，或是使用家用快篩陽性且經醫師確認者，才視為確診。如此，如果患者沒有症狀或是症狀輕微，甚至症狀嚴重、但是沒有做上述的檢

測時，就無法認定確診，並且列入國家的統計資料，視為染疫黑數。據衛福部及專家的估計，臺灣感染 2019-nCoV 的黑數，大約是政府公告的二至三倍。

截至 2022 年 9 月中旬為止，臺灣每日仍然超過兩萬人感染，而且從 2020 年開始至 2022 年 9 月 15 日，臺灣已經累計超過 584 萬例確診個案，並且造成 10423 例死亡。雖然絕大多數的感染者（99.54%）都是輕症或無症狀，但是中、重症甚至輕症患者在感染痊癒之後，或多或少留下許多後遺症，被稱為「長新冠」（LONG COVID）。

根據美國疾病控制與預防中心（CDC）的研究指出，在美國 65 歲以下的成年人，每五人就有一人；65 歲以上的老年人，則是每四人就有一人，在感染新冠肺炎痊癒後，至少會有一種長期後遺症，而最常出現的症狀是呼吸道（呼吸困難急促、咳嗽、胸痛、心悸）和肌肉、骨頭疼痛等問題，其他還包括神經系統（頭痛、頭暈、嗅覺或味覺改變及睡眠障礙）及消化系統（腹瀉及肚子痛）等問題。這些症狀會在感染後三個月內出現，並持續兩個月以上。

LESSON 26

期待又怕被傷害

新冠疫苗的深度了解

疫苗（Vaccine）一詞最早出現在1796年，英國醫師愛德華·詹納發明牛痘接種術來預防天花，「vacca」是拉丁文，意指「牛」。當人類接種牛痘之後，就能對天花產生抗體，進而擁有免疫力。

此後，科學家利用弱化或去毒性的病原菌，例如細菌、病毒或腫瘤細胞等，製成可使生命體產生特異性免疫的生物製劑，稱為「疫苗」。通過疫苗接種使生命體獲得免疫力，成為人類對抗傳染性疾病的重要武器。

疫苗對公共衛生具有極重大的貢獻，儘管目前只有天花成功的從世界上滅絕，但亦有多種疾病在實施疫苗接種後，患病率劇幅減少，例如小兒麻痺、B型肝炎等。

2019年，全新變種的冠狀病毒COVID-19肆虐全球，截至2022年9月中旬止，全球有超過6.1億人感染，造成將近652萬人死亡。全球的經濟活動以及人類的生活起居受到嚴重的影響，科學家以超出以往十倍的速度研發出疫苗，並獲得各國政府的特許，直接投入全民接種。

但是，這些疫苗安全嗎？有效嗎？對於COVID-19病毒的快速變種有何對策？

Ⅲ 疫苗對預防新冠肺炎的效用如何？

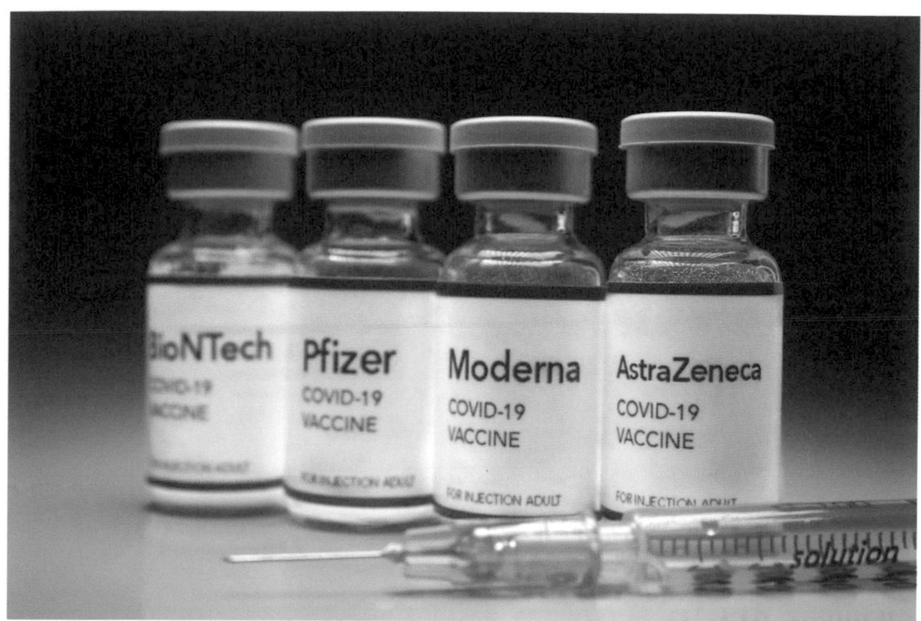

輝瑞製藥和德國 BioNTech 聯合開發的疫苗，在第三期臨床試驗的初步結果顯示，共有 38955 名參與者在接受兩次試驗疫苗或安慰劑注射之後，有 94 人感染新冠病毒。94 人中接受兩劑疫苗注射的人只占 9 例，這就是 90% 有效性的依據，也就是臨床試驗在可控環境下的效能（Efficacy）。

美國莫德納（Moderna）公布的初步數據顯示，其研製的疫苗達到將近 95% 的效能；俄國加瑪利亞製藥的疫苗則有將近 92% 的效能。牛津／阿斯利康疫苗的結果涵蓋三個數據：較低組的有效率為 62%，較高組的有效率為 90%，總平均有效率為 70%。其中，大約三千名參與者接種半劑量的疫苗，四週後接種第二針全劑量疫苗，這種方式提供的保護效率約為 90%。

奇怪的是，在更大的近九千名志願者群體中，他們接種兩次全劑量的疫苗，時間間隔也是四週，但是有效率卻只有62%。不過，美國食品藥品監督管理局（FDA）同意，任何一款新冠疫苗只需要提供≥50%的有效性，就能獲得上市批準。

這些數字並不一定代表疫苗在實際環境下的效率，這是因為這個數字只反映在臨床試驗內、可控制因素下的「效能」，而不是廣泛使用時的「效力」（Effectiveness）。進行臨床試驗時，會以較嚴謹的方式挑選參與試驗的人，這些試驗對象通常不會有嚴重疾病或伴有其他健康狀況。疫苗在實際應用時，可能會受接種對象的年齡、身體狀況、本身有沒有疾病等各項因素而影響疫苗的「效力」。

接種後的有效期有多長？

感染肺炎病毒或接種疫苗後，人體的免疫系統會發展出「記憶T細胞及B細胞」，在身體內存活最少三個月到數年，讓免疫系統隨時可以產生對抗這種病毒的「抗原特異性」抗體。美國拉霍亞免疫學研究所（La Jolla Institute of Immunology）的一項研究初步顯示，當染上新冠肺炎或接種疫苗發展出抗體後，人體對這種病毒的免疫力可以長達數年。這項研究的結果仍然需要進一步確認，但是華盛頓大學（University of Washington）的研究也有類似的發現。多倫多大學（University of Toronto）研究員戈默曼（Jennifer Gommerman）則發現，小部分新冠肺炎患者康復後，對病毒只有短時間的免疫力，但是她認為這些人若注射疫苗後，仍然可以對病毒有長期的免疫力。

不同疫苗的不同儲存條件

新冠肺炎疫苗與其他疫苗一樣，必須儲存在十分低溫的環境，確保疫苗不會變質。輝瑞／BioNTech 的疫苗必須儲存在零下 70℃，因此在發貨的時候，要以保冷盒裝載疫苗，並以乾冰保冷。醫務所人員必須每五天補充一次乾冰，這樣可以保存疫苗約兩星期。莫德納疫苗則能在 2°～ 8℃的冰箱內穩定保存三十天，儲存在零下 20℃，則可保存多達六個月。

這兩種疫苗都是利用信使核糖核酸（mRNA）引發人體細胞對 COVID-19 病毒發展出免疫能力。mRNA 十分脆弱，如果遇上稍微高一點的溫度就會分裂失效。為了確保 mRNA 不會失效，會把它注射進一個脂類微粒（Lipid Nanoparticle）做成的保護層。這種脂類微粒會在體內分解，在隨疫苗注射入人體後，不會累積在肝臟。

疫苗的副作用

美國開始大規模注射疫苗的六個星期後，約注射兩千三百五十萬劑的結果顯示，嚴重副作用非常少。死亡案例看來都和疫苗無關。與流行性感冒疫苗一樣，最常見的副作用是注射部位的局部疼痛、疲憊、頭痛、肌肉痠痛或關節的疼痛。副作用通常是在注射第二劑以後，症狀比較明顯。四分之一的注射者在接種第二劑後，會有發燒和畏寒的情形。

過敏性休克是比較需要注意的問題。發生過敏性休克的案例中，施打輝瑞／BioNTech 疫苗的有 50 例，施打莫德納疫苗的有 21 例。前者 94%（47/50）是女性，後者的 21 例都是女性。為什麼幾乎都是女性？原因不明。統計每百萬劑的過敏性休克案例，輝瑞是 5 例，莫德納是 3 例，比例差不多。發生的時間，絕大部分是在注射後的 15 分鐘內出現反應。不過，有一例是打完針之後 20 個小時才出現。

一般而言，副作用會發生在 24 小時內，且 48 小時內會緩解。除了上述常見的副作用外，其他也有出現對腸道的症狀，如噁心、嘔吐等。另外，淋巴結腫大、過敏反應（如：皮疹、搔癢、蕁麻疹等）、失眠、肢體疼痛、注射部位搔癢、顏面神經麻痺等，則屬於較不常見的副作用。

值得注意的是，莫德納及 BNT 疫苗可能引發極罕見的心肌炎、心包膜炎副作用，且常發生於 40 歲以下男性，尤其 12 ～ 17 歲的青少年風險更高。現在比較少在施打的 AZ 疫苗，則有極少的案例出現血栓症的副作用，尤其以女性偏多。

Ⅲ 面對突變病毒株該怎麼辦？

2020 年 11 月，英國發現的新病毒株稱為「B.1.1.7」，它的遺傳序列中有 17 個位置出現突變，使得相對應的 14 個胺基酸變成別的胺基酸，其中有 8 個突變位於 S 蛋白（Spike Protein），當中最關鍵的突變稱為「N501Y」。而緊接著在 2020 年 12 月，南非發現的另一株新病毒株則稱為「501.V2」，目前已知有 3 個突變位於 S 蛋白，其中一個也是「N501Y」。

由於 S 蛋白是由 1273 個胺基酸組成，而 B.1.1.7 在 S 蛋白上僅有 8 個突變，僅占 0.6%，其他 99.4% 都相同。所以理論上，目前設計的疫苗仍能有效對抗變種病毒。然而美國諾瓦瓦克斯（Novavax）藥商日前宣布，其疫苗在英國第三期試驗效力為 89%，在南非第二期試驗卻僅 60%。美國強生公司（Johnson & Johnson）的第三期試驗結果也是因國而異：美國 72%、南非 57%。在兩大試驗中，90% 至 95% 的南非案例都與 B.1.351 變異病毒有關，而此病毒就含 E484K 突變。

毫不意外的，透過全球性大量的散播與傳染，當 2019-nCoV 病毒在人類宿主身體內大量繁殖、複製的時候，藉由隨機性突變及投機性篩選（症狀愈不明顯且傳染性愈強的病毒株，愈有機會被篩選出來——適者生存法則），不斷的產出新的變異株。

2019 年末，當「武漢肺炎」疫情傳染到全世界後，世界衛生組織為了避免污名化，將武漢肺炎病毒正式命名為 2019-nCoV（2019-new COVID Virus），簡稱 COVID-19（2019 冠狀病毒）。接著從 2020 年末開始，在英國、南非、巴西和印度陸續發現新的變異病毒株，各自在不同的地區大肆流行。為了清楚辨別這些病毒株的世代關聯，依次將上述四個變異病毒株按照希臘字母順序命名為：阿爾發（Alpha）、貝塔（Beta）、伽瑪（Gamma）、德爾塔（Delta）。臺灣在 2021 年第一波疫情的主流株是 Alpha 變異病毒株，但是在 2022 年 1 月開始爆發第二波疫情，並且肆虐臺灣的主流株則為 Omicron 病毒株。

Omicron 在拉丁文的字母排序為第 15 名，但是其實 Omicron 是第 13 支變異株。因為拉丁文的第 13 寫法是「Nu」，然而「Nu」在拉丁文是「新」的意思，為了避免與新冠肺炎的「新」混淆，避開不用。然而，第 14 在拉丁文的寫法是「Xi」，又與中國大陸某名人的姓氏「習」的拼音一模一樣，所以再度避開不用。最後，用了 Omicron 來代表第 13 支變異株。

當 2019-nCoV 發展到第 12 代時（B.1.621）（南美－哥倫比亞變異株），科學家已經發現，這些新的變異株具有免疫逃脫特性，可能讓以 Alpha 病毒株的 mRNA 作為材料的疫苗失效。

截至 2022 年 9 月 15 日為止，臺灣的 2019-nCoV 疫苗接種率為第一劑：93.1%；第二劑：87.1%；第三劑：72.7%，超高的疫苗接種率下，2022 年 9 月 15 日公布的前日感染人數仍然高達 4.5 萬例，並且造成 57 例死亡，疫情減緩的趨勢也相當緩慢。看來，疫苗只能減緩病毒的傳播速度、減少重症以及死亡率。

雖然針對 Omicron 變異株的次世代疫苗已經研發出來，有望在近期內完成臨床試驗，提供世人使用。但是，撰寫此文的同時，疫情正在許多國家反撲，病毒變異的速度似乎超過了人類研發疫苗的速度。這場疫情如何結束，確實考驗人類的智慧。

LESSON 27

不「打」不相識

疫苗副作用與心肌炎

COVID-19 疫苗在全球性感染爆發一年後匆促上陣，在沒有經過完整的第三期臨床試驗下，各國政府採用特許的方式，准許多種疫苗上市並開放民眾施打。

這些疫苗安全嗎？副作用大嗎？血栓和心肌炎是施打 COVID-19 疫苗後，最令人害怕的兩種副作用。以 2021 年 10 月初的數據來看，當時在臺灣有六成的人口，至少施打一劑的 COVID-19 疫苗後，衛福部確認了 27 位與施打疫苗相關的心肌炎，莫德納疫苗：13 人、AZ 疫苗：8 人、BNT 疫苗：6 人。專家認為，心肌炎本來就是施打疫苗後的風險之一。但真的如此嗎？

真的會引起心肌炎嗎？

2021 年 10 月世界最頂尖的臨床醫學雜誌，《新英格蘭雜誌》（*The New England Journal of Medicine*）發表一篇以色列的研究，發現在 250 萬位接受至少一劑 BNT ／輝瑞 mRNA 疫苗的人，出現 54 個案例的心肌炎，其中，男性占 51 例（94%）。由於受試者 49% 是男性，51% 是女性，所以男性很明顯是高危險群。整體心肌炎盛行率為每 10 萬人口 2.13 人；盛行率最高的年齡別是介於 16 ～ 29 歲，為每 10 萬人口 10.69 人。所以，「年輕、男性」是高危因素。

綜觀患者的臨床症狀，76% 是輕度，22% 是中度，只有一個患者出現心因性休克。最後，90% 的患者，心臟功能都恢復正常。2021 年 8 月，另外一篇類似的文章發表在美國頂尖醫學雜誌《循環》（*Circulation*）發現，年齡介於 12 ～ 39 歲的人，在打過第二劑 mRNA 疫苗後，心肌炎的盛行率是每一百萬劑 12.6 人。其中，最常見的年齡段是 12 ～ 17 歲，盛行率是每百萬劑 62.7 人，相對的低於以色列的研究。同時，在美國每年因為各種原因發生心肌炎的盛行率是 10 ～ 20 人／每 10 萬人。所以，該篇文章最後結論：從風險／效益評估來看，因為施打疫苗而有效的減少受感染人數、住院人數、重症及死亡人數，故仍建議施打 COVID-19 疫苗。

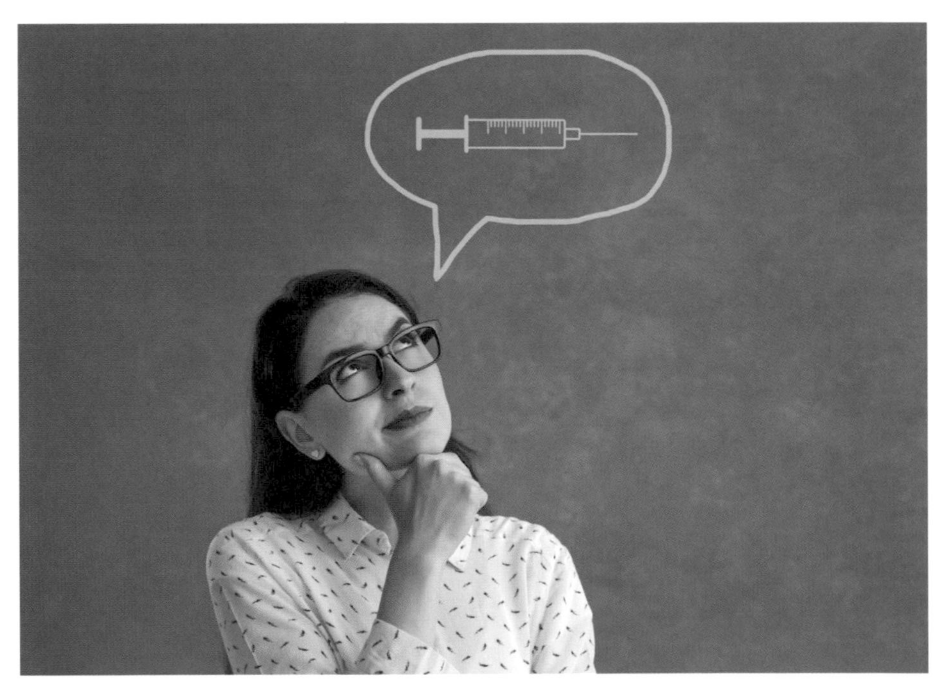

為什麼會引起心肌炎？

疫苗引起心肌炎的機轉至今仍然不明，醫學界推測可能的原因是：在一些特定人群身上，病毒表面的棘狀蛋白，高度類似於身體的細胞抗原，例如心肌細胞。當 mRNA 疫苗在體內轉製棘狀蛋白並啟動一系列免疫反應時，身體產生的免疫武器，包括抗原傳遞細胞（吞噬細胞）、免疫 T 細胞（淋巴細胞）、抗原特異性抗體（由 B 細胞製造），本來應該等待敵軍（COVID-19 病毒）來攻擊時才起作用，現在提前攻擊了自己的身體細胞（心肌細胞），進而造成心肌發炎與損傷。

進一步了解心肌炎

通常我們都無法確知心肌炎的病因，但是下列的狀況，有可能引發心肌炎：

一、**病毒感染：**常見的感冒病毒、腺病毒、克沙奇病毒、德國麻疹病毒、B 型或 C 型肝炎病毒、HIV 病毒、COVID-19 病毒，以及其他許多種病毒感染，都被認為會引發心肌炎。

二、**細菌感染：**金黃葡萄球菌感染、鏈球菌感染。

三、**其他如寄生蟲感染或霉菌感染。**

四、**部分藥物、化學物品、毒物、放射線等因素。**

心肌炎的症狀可以很輕微到嚴重呼吸困難，甚至死亡。下列是常見的心肌炎症狀：

一、胸痛、心跳變快或心律不整。

二、呼吸短促、運動性呼吸困難。

三、水分積留、下肢水腫。

四、虛弱、疲憊。

五、其他病毒感染的症狀，包括頭痛、身體痠痛、關節疼痛、發燒、喉嚨痛、以及腹瀉。

通常心肌炎會自行痊癒，但是嚴重的心肌炎，最後會造成永久的心臟損傷或其他血管疾病，例如：

一、心臟衰竭：心臟肌肉受損而無法進行有效收縮，導致擴張性心臟衰竭。

二、心肌梗塞或腦中風。

三、心搏過速或心律不整。

嚴重的心肌炎有可能直接造成無法挽救的心臟衰竭，必須進行心臟移植，甚至導致死亡。其實沒有什麼特別的方法可以預防心肌炎，但是你可以注意下面幾件事情，來降低罹病的機會：

一、避免與感冒或者是被病毒感染的人接觸。

二、維持良好的衛生習慣：戴口罩、勤洗手、不抽菸、充足的睡眠。

三、避免被蝨子或蚊蟲叮咬。

四、施打疫苗：定期施打感冒疫苗、肺炎鏈球菌疫苗、德國麻疹疫苗，以及 COVID-19 疫苗。

打，可能會罹患心肌炎；不打，同樣有罹患心肌炎的可能性。不過，從風險及效益評估來看，打的好處還是多很多！

Chapter

07

吃好、睡好、健康老

LESSON 28

年紀大了，該怎麼吃？熟齡飲食計畫指南

患者常常問我：「請問醫師，我平常的飲食該注意些什麼？」我最常的回答就是：「正常飲食就可以！」這樣的回答聽起來很沒有誠意，也沒有提供患者實質幫助。一是因為每日診間的患者太多，實在沒有時間好好回答；二是因為即使身為內科醫師，直到我在 EMBA 開設「健康趨勢與管理」的課程，才真正了解健康飲食的內涵與重要性。這一章節我們就來談談，進入熟齡生活之後的飲食，該注意些什麼？

熟齡的飲食計畫

步入中老年之後，體重節節上升幾乎是大家共同的困擾，其實只要注意以下幾個重點，就可以避免發胖的問題。

了解基礎代謝率降低的事實

基礎代謝率（Basal Energy Expenditure, BEE）是指維持生命所需的最低能量。也就是說，即使你躺在床上動也不動、不吃、不喝、不拉，也需要消耗能量來維持各個器官的基本功能，例如呼吸、心跳、腺體分泌、排泄等功能。

BEE 約占了人體總熱量消耗的 65 ～ 75%，而身體的活動只占了 15 ～ 30%。當你 60 歲的時候，你的 BEE 會比 20 歲的時候少了 20%（300 大卡），加上 60 歲時很難維持跟 20 歲時一樣的活動量，所以你必須減少至少 20% 的總熱量攝取。

了解食物熱量的來源

食物所含的熱量＝醣類（碳水化合物）克數 ×4 ＋蛋白質克數 ×4 ＋脂肪克數 ×9 ＋酒精克數 ×7 ＋有機酸 ×2.4 大卡。

同樣重量的脂肪與酒精，比碳水化合物提供接近兩倍的熱量，所以年紀大了應該減少脂肪的攝取，而且不要忘了，酒精也有很高的卡路里。

了解如何計算一天該攝取的熱量

年齡、身高、體重、性別及活動量，決定了你一日的總熱量需求。以一位 45 歲、身高 175 公分、體重 75 公斤的男性來說，一天需要的總熱量大概是 2000 大卡。但是當你生病或是大量運動時，會需要更多的熱量。如果你現在過重，那麼代表你應該要減少每日總卡路里的攝取。

每天活動量	體重過輕者所需熱量	體重正常者所需熱量	體重過重、肥胖者所需熱量
輕度工作	35 大卡 × 目前體重（公斤）	30 大卡 × 目前體重（公斤）	20 ～ 25 大卡 × 目前體重（公斤）
中度工作	40 大卡 × 目前體重（公斤）	35 大卡 × 目前體重（公斤）	30 大卡 × 目前體重（公斤）
重度工作	45 大卡 × 目前體重（公斤）	40 大卡 × 目前體重（公斤）	35 大卡 × 目前體重（公斤）

每天活動量	活動種類
輕度工作	大部分從事靜態或坐著的工作。 例如：家庭主婦、坐辦公室的上班族、售貨員等……
中度工作	從事機械操作、接待或家事等站立活動較多的工作。 例如：褓姆、護理師、服務生等……
重度工作	從事農耕、漁業、建築等的重度使用體力之工作。 例如：運動員、搬家工人等……

＊以上表格內容來自衛生福利部國民健康署網站。

了解身高體重指數（Body Mass Index, BMI）的理想範圍

將體重（公斤）除以身高（公尺）再除以身高，就是你的BMI。

〔BMI 值計算公式：BMI ＝體重（公斤）／身高 ^{2}（公尺 ^{2}）〕

一般建議，BMI 應該維持在 22 ～ 24 之間。年紀大的人，可以維持在 25 ～ 27 之間，因為有多項國內外的研究發現，加護病房的重症患者，BMI 值＞ 25 的人比＜ 25 的人，活下來機會更高。（老人要胖一點，才有本錢生病！）

了解碳水化合物、蛋白質及脂肪該如何分配

我在餐桌上最常聽到的對話就是：「飯不要吃了，只要吃菜、吃肉就好了！」好像魚肉、蔬菜、水果才是好的營養品。其實醣類（碳水化合物）是身體活動的立即能量來源，人體每天消化醣類產生的葡萄糖，至少有一半是提供大腦使用。

2018 年，公共衛生期刊《柳葉刀》（*Lancet*）發表了一篇非常重要的研究，在針對超過 15428 名、年齡 45 ～ 64 歲、長達 25 年的追蹤調查後，發現那些從碳水化合物中獲得 50 ～ 55% 熱量者，死亡的風險最低。所以建議你每日攝取的食物總熱量中，碳水化合物（例如米飯）應該至少要能提供 50 ～ 55% 的能量。

了解三餐的分量該如何分配

最常聽到的說法就是：「早餐吃得好，晚上吃得少！」我不知道這個說法的依據是什麼？或許有人認為過了一夜，空腹十個小時以後，應該要好好的吃一頓飯吧！

其實三餐的分量要如何分配？應該是要依據你的工作內容，還有每日的時程表來安排。如果你在早餐之後要從事粗重的工作，那麼的確是應該要飽餐一頓，同時不要忘記：**碳水化合物才是立即能量的來源**。我記得在我的阿公的年代，早餐都要吃兩碗白飯才下田耕作。

如果你是貴婦，早餐後就當「英英美代子」，吃了一頓豐盛的早餐後，沒有用掉的能量，將轉化為脂肪囤積在體內，作為未來能量的來源。一日一日的累積這些吃了而沒有用掉的熱量，反而成了中年發福的原因。

在讀完這個章節之後，請不要再告訴我：「醫師，我吃很少耶，可是我連喝水都會胖！」

LESSON 29

怎麼喝才是關鍵！身體的水需求

人類跟所有的生物一樣：水太少、會枯萎而亡；水太多、會淹沒而死！人若能適當的喝水，不僅會讓身體健康，而且會讓人外表看起來水噹噹！

那麼，一天到底該喝多少的水？答案不是 2000 ml，也不是 3000 ml，而是要喝到能夠讓你一天產生 1500 ml 尿液的水量。

生命不可或缺的物質

水無所不在！水是讓萬物生生不息的必需物質。水除了單獨存在時，顯示我們熟知的三態變化：冰、水和蒸氣之外，它還存在於絕大多數的生物體和多數的非生物體內。

在我們認知的生物體內，從最原始的病毒、細菌，依次的單細胞、多細胞的動物及植物，似乎沒有水，就沒有這些生命的存在。

相較於其他動植物，人類對水的依存更顯得嚴格。人類可以三週不進食，但是三天不喝水就無法存活。**除了空氣中的氧氣**（人類只要缺氧三分鐘就會死亡），**水是人類存活最重要的物質之一。**

◎ 人類身體最大的組成分

人體的重量大約60%是水，以一個體重70公斤的人來講，他的身體有42公斤的組成分是水。這解釋了，以體重來分級的運動比賽，會聽到運動員在比賽過磅前，利用喝水或不喝水來控制些微差異的體重。

事實上，成人或小孩體內的含水比例也不太一樣，一個新生兒的含水量可到75%，但是老年人可能只剩下50%。

另外，因為肌肉的含水量比脂肪高，所以肌肉比較發達的人，含水量比較高。相反的，脂肪比較多的人，含水量比較少。

◎ 不同的器官，含水量不同

人體的器官因為功能不同，所以含水量也不同。

血液負責運輸生命所需要的氧氣跟養分，其主成分有94%是水分。心臟、肺部、大腦和腎臟的水分大約各占了75～85%。肌肉跟骨頭的含水量比較低，但是骨頭裡水的成分也占了30%以上。

有趣的是，眼睛的含水量高達95%，我們常常用「一雙水汪汪的眼睛」來形容好看與有神的眼睛，從醫學的角度來看，這的確是非常合理的形容詞。

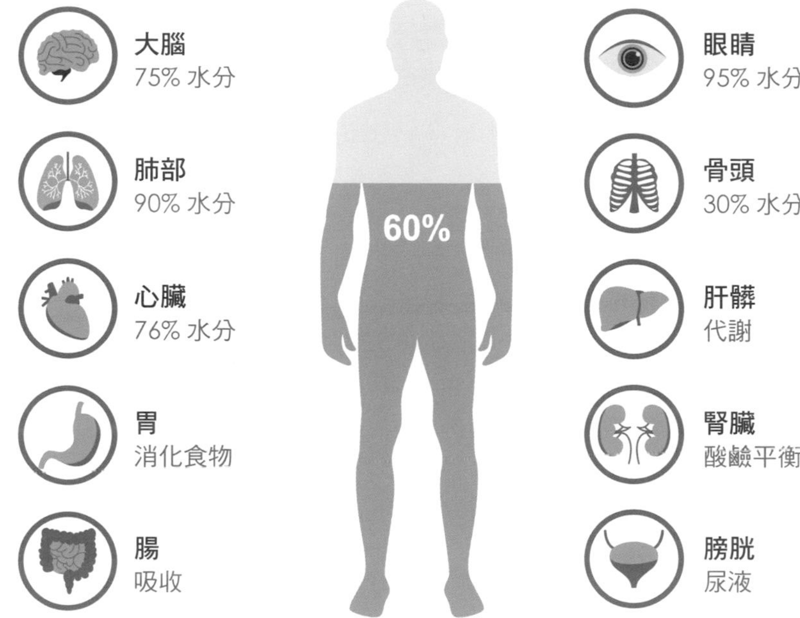

▲ 人體器官的含水量，以及水對器官功能的幫助。

水對人體的五大功能

水幾乎參與人體所有的生理功能。也就是說，要是沒有水，所有器官的運作就無法進行。那麼，最主要的五大功能是哪些呢？

一、首先，如同水擔任穩定地球環境的重要角色，水也參與身體環境的重要調節任務，其中最重要的就是**體溫的調解**。人體的幾十億個細胞，無時無刻進行著氧合或無氧合的化學作用，這些作用產生的熱就是體溫的來源。同時，人體也需要靠水來做溫度的調節，以免體溫過熱。這也是為什麼脫水時，體溫會升高的原因。

二、其次，如同用水來清洗污垢一樣，水也**負責排除我們體內產生的各種毒素**。不論是從消化道還是呼吸道，為了生存，我們每天得攝取各種的食物和呼吸空氣，這些東西本身含有或是經過消化、代謝和使用之後，產生許多對人體有害的物質。這些物質透過血液（含大量水分）攜帶送至肝臟和腎臟，由兩個器官負責處理和過濾這些有毒物質，再透過尿液及糞便將其排出。

三、人體要正常活動，當然得仰賴四肢及全身的各個關節，在適當的時候做出適當的動作。關節的彎曲與延展，需要關節腔內的潤滑液來潤滑與保護關節。**水是關節腔內最主要的成分**，身體一旦缺水，關節腔就會變得乾燥，產生疼痛，最後造成傷害。嚴重的時候，會造成不可逆的傷害。

四、氧氣是各種器官正常運作最重要的元素，水負責**協助將氧氣攜帶到全身各個需要的地方**，讓氧氣可以有效的運作。當我們缺水的時候，肺部無法有效運作並攜帶氧氣，我們會覺得呼吸困難。當肌肉缺水的時候，則無法有效進行有氧代謝。輕微時，會出現痠痛；嚴重時，會出現橫紋肌溶解，併發代謝性酸中毒與腎衰竭。

五、最後，水負責**協助進行消化作用**。當你咀嚼食物的時候，需要唾液的協助，因為唾液的主要成分就是水。當你缺水的時候，會覺得口乾而且無法有效的咀嚼與吞咽食物。另外，當咀嚼過後的食物進入胃腸道進行消化與吸收，甚至最後食物的殘渣化為糞便排出時，都需要水的協助。

這個時候你已經可以了解，為什麼人沒有喝水便活不下去的道理。然而，喝過量的水卻也會造成腎臟、心臟、肺臟的負擔，尤其對有心臟病或腎臟病的患者來說，過量的水甚至會造成器官衰竭與死亡。所以說，一天應該喝多少的水，真的是一門非常大的學問。

Ⅲ 水平衡與滲透壓的控制

一天到底要喝多少水？基本的法則就是要維持身體的水平衡。簡單的說，就是一天從你的身體流失多少水，你就得補充多少水。正常的狀況下，每人每天大約流失 2500ml 的水分，包括皮膚表層（500 ml ／天）、呼吸的過程（350 ml ／天）、尿液（1500 ml ／天）及糞便（150 ml ／天）。

在前述中提到，身體內的每一個器官都含有大量的水分，不管在細胞內還是細胞外，水除了維持細胞與器官的正常運作外，還負責維持細胞內、外環境的滲透壓。血液的組成成分有 94% 是水，當水的比例過多的時候，會造成滲透壓下降，進而影響在血液中流動的各種細胞，例如白血球與紅血球的功能，嚴重時會導致細胞死亡。相反的，水的比例過低的時候，會造成滲透壓過高，引起相同的後果。

針對水平衡與滲透壓的控制，身體有一個非常巧妙的設計。當你喝的水太少，進而造成血液的滲透壓過高時，我們的腦下垂體就會感應到這個變化，傳遞訊息給腦下垂體分泌抗利尿激素（Antidiuretic Hormone, ADH），抗利尿激素透過血流傳送到腎臟，作用在腎臟的腎小管，促使它回收原本要排除在尿液的水，藉以維持血液裡面的含水量，並穩定血液的滲透壓。

這個機轉說明了，為什麼水喝太少，或是汗流得太多時，小便的量就會減少的原因。同時，當血液滲透壓太高時，接收到這個訊息的腦下垂體也會傳遞訊息給大腦，產生口渴的感覺，催促你去喝水，以維持身體的水平衡。

Ⅲ 喝多少水才算適量？

了解了水在身體扮演的角色和運作的機轉後，我們現在應該能明白適量喝水的重要性，每天喝水過多或過少對身體都是有害

的。然而，每一個人的生活以及工作的環境與內容不同，即使同一個人也會因為每一天的活動內容不同，例如：感冒發燒或腹瀉的時候，每天經由皮膚、呼吸道及胃腸道排出的水分都有差異。

所以，若問一個人每天該喝多少水？其實沒有正確的答案。正確的解答是：為了讓負責執行水總量調節的腎臟，能夠維持正常而有效率的運轉，並且為了保護它，不要因為水灌流太少或是太多而造成損壞，或是因為灌流太少而產生泌尿道結石，建議**每個人每天應該要喝的水量，必須足以讓你能夠讓排出 1500 ml 的尿液量。**

也就是說，當運動或工作而經由汗水流失大量的水分時，就必須補充更多的水來維持尿液的總量。生病時若因為發燒或腹瀉，醫師通常會建議補充更多的水分，也是相同的道理。

一個在室內工作的成人，如果要維持每天排出 1500 ml 的尿液，加上肺部、皮膚以及糞便的水分排出，每人每天適當的水分攝取總量應該是 2500 ml。這中間包含你喝的湯汁、飲料以及食物裡面的水。

然而，從各種攝入的湯湯水水，真的很難估計自己一天中到

底喝了多少水，**最可靠的方法，就是確保自己一天能夠上六到八次的廁所**。一般成人上一次廁所解出的尿量大約是 200 ～ 250 ml，如此便能確保每天排出大約 1500 ml 的尿液。

Ⅲ 適量調整飲水步驟

以我自己每天的喝水量為例。通常我每天早上醒來、刷完牙後，先喝下 500 ml 的溫開水，上班後再準備一壺 1000 ml 的白開水，並在下班前喝完，其餘 1000 ml 的水分則在三餐中補足。如果是運動或在戶外長時間工作，有大量排汗或經由肺部排出水分的時候，喝水量就以維持每半天有三到四次的解尿為原則。

身體裡面的水，無所不在！如同前述，水在身體裡面有許多重要的功能，水在細胞內（組織與器官）、細胞外（血液、器官管腔）都維持了重要的濃度平衡。

不要等到口渴才去喝水，那表示你的身體太乾了；但是喝了過多的水，會增加腎臟和心臟的負擔，吃力的將水排出來。本文一再強調，每天應該喝多少水，要看你的身體狀況、工作內容和生活的環境。

然而，不管上述狀況如何，藉由適當攝取水分，讓每天維持排尿 1500 ml，是健康生活的不二法則。

LESSON 30

時間面前，人人平等
你沒有生病，只是開始老化了

上課時，醫學系的學生最關心的議題是：「如何診斷疾病，並且治好它。」事實上，七年的醫學系課程也只有教授疾病的課題，從來沒有教導老化的議題。所以醫師只會看「病」，不會看「老」。這就告訴你，為什麼當一些上了年紀的朋友，帶著全身的病痛到醫院求診時，醫師問了半天、做了一堆檢查，最後的診斷是：「你沒病，請你回家！」

這些朋友經常帶著挫折，一家醫院換過另外一家醫院不斷的求診，心中有無限的疑惑：「沒病？但我以前不會痛啊！為什麼現在會痛？我以前不會咳啊！為什麼現在會咳？」

在這個章節將會討論一些因身體器官老化而來的症狀，讓你能夠更清楚的認識老化，並接受在生理與心理上，伴隨老化而來的各種不適。

① 你只看得見「你看得見的老化」

到了 2025 年，臺灣將會有 20% 的人口大於 65 歲。網路上對於老年人的定義，應該是 75 歲或更老！

別相信網路的傳言！即使你還跟得上時代，懂得使用智慧型手機，不代表你的身體器官會延緩老化的時程。科技可以延長你的壽命，但是無法阻止你的老化。

老化不是只有頭髮變白、眼睛變花、皮膚變皺而已，老化發生在全身所有的組織與器官，隨著年齡的增長，它不斷的衍生，啃食著你，從來沒有一刻停歇。雖然每一個人的發育時程會稍有不同，一般而言，18 ～ 22 歲時，身體的組織與器官發展到了最頂峰，之後就開始走下坡；40 ～ 45 歲的時候，所有老化的症狀就逐漸明顯。

當白髮變多，眼睛老花開始困擾你的時候，你的肩、頸、膝關節也開始疼痛，腹脹、排便不順的現象也開始出現。

中老年人的許多身體不適，其實是組織與器官老化的現象。這就是你不得不正視的老化！接下來，我們將針對一些常見的問題進行系統性解釋。

四 交感與副交感神經交替不良——說不上來哪裡不舒服

交感與副交感神經互相拮抗，調控身體所有器官的運作。當你吃飯的時候，副交感神經開始運作，讓消化素開始分泌，胃腸道開始蠕動。此時交感神經被抑制，讓全身肌肉放鬆、腦袋放空，開始享受美食並進行食物的消化與吸收。

年輕的時候，交感與副交感神經的交替工作，交換快速而順暢，你可以運動完後接著吃飯，或者是吃飽後接著運動，而不會感覺到胃腸道的不適。

但是年紀大了，就必須給神經系統更長的時間去調適，而且胃腸道的蠕動、消化與吸收的功能也變差，所以老年人常會有胃腸道不適，例如反胃、腹脹與便祕等。

老年人如果做胃腸鏡的檢查，常常會發現胃壁、腸壁的黏膜產生萎縮性發炎的現象，尤其是長期喝酒、抽菸的人會更明顯。男性最有感的舉例就是：副交感神經負責陰莖的勃起，交感神經負責射精。一旦年紀大了，這些神經可能都不太聽話。

喝熱湯的時候，交感神經應該興奮，以避免水分從鼻腔的粘膜中滲透出來。如果交感神經反應不佳，就會一邊喝熱湯，一邊流鼻涕。這也解釋了，為什麼阿公、阿媽常常會在喝熱湯的時候流鼻水。

臥榻上的患者或一般人身體虛弱的時候，會突然間、莫名其妙的全身冒冷汗，就是因為交感與副交感神經的拮抗不良。當受到外界的環境刺激或是情緒激動時，交感神經就會過度興奮，讓身體冒汗。

雖然是老掉牙的建議，**但持續、固定的運動，均衡的飲食與充足的睡眠，確實可以延緩與改善這些神經系統的亂象。**

Ⅲ 基礎代謝率不斷降低——中年發福

當你躺著不動，甚至在睡覺的時候，你身體的所有器官還是繼續在運轉。這些器官運轉（心跳動、肺呼吸、肝排毒……）需要消耗大量的能量，對一個常態坐辦公室上班的人而言，他每天所攝取的能量三分之二以上，也就是基礎能量消耗，都消耗在基礎代謝上。

隨著年齡的增長，基礎代謝率不斷下降；到了 60 歲的時候，你的基礎代謝率會比 20 歲時至少下降 20%。再加上，中年以後運動量愈來愈少，或是為了減重造成飲食不均衡，反而會加重肥胖

的現象。這也是中年以後明明愈吃愈少，卻愈來愈胖的原因。所以，中年發福是一種老化的過程。

老年人的體重控制，應該要搭配適當的運動與飲食內容的改變，建議減少肉品與脂肪類的攝取，增加蔬菜與水果的分量（雖然仍是老掉牙的建議，但卻是亙古不變的真理），這樣可以有效降低總卡路里熱量的攝取，還可以改善消化不良與便祕的現象。

此外，基礎代謝率降低最明顯的影響就是：容易疲勞，而且不容易恢復。經常聽到許多中老年人在門診時抱怨：「沒有精神與體力不濟。」

另外一個不容易注意到的影響就是：身體修復的能力變差，感冒拖很久還不好，傷口不容易痊癒。

中年以後（或說更年期以後）負責種族延續（傳宗接代）的功能結束，全身的組織與器官開始衰老，基礎代謝跟著下降，這是世代交替的自然法則。

◎ 器官退化，導致無法激烈使用——體適能不足

器官「退化」與「損毀」意義是不同的。在醫學的檢驗中，退化的器官往往仍然呈現正常的數值。70 歲的你，很容易爬個樓梯就氣喘吁吁，但是醫師會說：「依據你的肺部 X 光還有心電圖檢查，看起來心肺都正常啊！」

在醫學上，沒有疾病就是正常。但是沒有疾病，不表示器官的功能與年輕的時候一樣。神經、心肺的反應變慢，加上肌肉萎縮、張力不足，讓你運動起來變得沒有力氣、氣喘如牛。醫學上，經常把這樣的問題歸納為「體適能不足」。

體適能不足不只有發生在心、肺及血液循環系統，也會發生在胃腸道，造成消化不良、腹脹與便祕；在泌尿道會造成頻尿，嚴重者，女生會漏尿，男生會有小便困難等問題。

改善體適能不足，只有靠持續性、且具有一定強度的運動來維持你的肌肉、骨頭以及心肺正常運作。對大於 65 歲的老人而言，爬山或游泳是很合適的運動。

同時，避免過量與刺激的飲食，減少（最好是微量）咖啡、茶與酒精的攝取，不要挑戰你的胃腸機能，是基本的養生之道。

◎ 該收縮或該放鬆的功能不彰——縮放難自如

人體的器官非常的奧妙，經常利用收縮與放鬆的交互作用來進行正常運作，例如：在看近物時，眼球的睫狀肌會收縮，使得

眼球的曲度增加，造成類似放大鏡的效果；當看遠處時，睫狀肌會放鬆，較平的眼球可以看得更遠。

當你老了，睫狀肌的收縮功能不彰，你開始無法看清楚近的東西，這就是「老花眼」。老花眼大概從 40 ～ 50 歲就會出現。

胃的賁門介在食道與胃之間，食物進入胃腸道之後，賁門會收縮以防止食物逆流至食道及咽喉，因為胃酸很酸（pH 值為 1.5 ～ 3.5），如果逆流到食道及咽喉，會引起食道及咽喉發炎，造成胸部疼痛與咳嗽，這就是「胃食道逆流症」。中年之後，許多人常被胃食道逆流困擾。

老花眼與胃食道逆都是老化的問題。老花眼配個老花眼鏡就可以矯正，但是治療胃食道逆流就困難多了。雖然有不錯的藥物可以控制症狀，但是唯有從生活習慣開始調整，如遠離咖啡、茶、菸酒，拒絕辛辣、刺激及過酸的食物與水果，以及飯後兩個小時內不要上床睡覺，才是改善症狀的不二法門。

相對於上述四個你比較不容易發現的老化問題，下面兩個老化問題，你可能早已注意到，卻往往不肯承認這也是老化。

Ⅲ 肌肉萎縮、關節生銹、骨質疏鬆——七零兼八落的身體

人體就如同一部汽車，肌肉、關節與骨頭經過幾十年的長期使用，產生了一定程度的耗損與毀壞。有些人可能因為過度使用、外傷或疾病造成殘障，但是健康的人在某個年齡（如 65 歲）之後，也會產生或多或少的「失能」。

每個人都了解，肌肉、骨骼和神經系統會隨著年齡老化，但是卻多不肯承認這個老化的正常現象，不但不做好防護措施，甚至恣意的使用，總是想著「以前可以做得到，現在為何不行！」

骨質疏鬆的認知、診斷與治療，以及防撞、防跌，是老人日常生活中的重要課題。骨質疏鬆通常沒有什麼症狀，即使偶爾有一些痠痛，大部分的人也會不以為意，所以每個人（男性 60 歲以上、女性 55 歲以上）都有必要做一次骨質疏鬆的檢查，了解自己的骨本夠不夠。

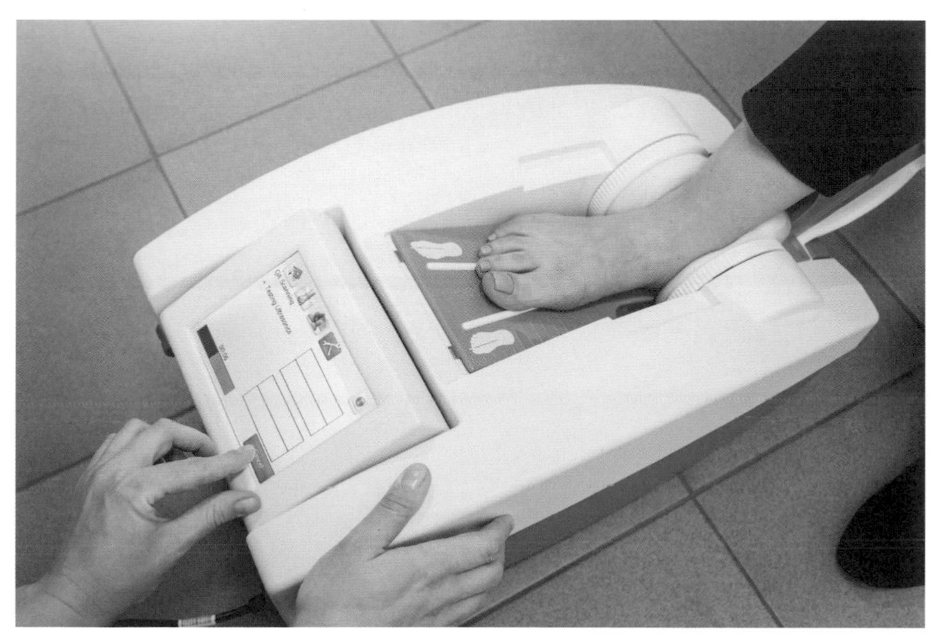

「老」是骨質疏鬆的主要原因，既然無法防止老化，**適當曬太陽、運動及多攝取含鈣與維他命 D 的食物，是減緩骨質疏鬆的不二法門。**

⑪ 全身脂肪的位移與減緩燃燒——抵擋不住的重力影響

中年肥胖雖然導因於基礎代謝率減緩，但是飲食的總量與內容沒有隨著年齡調整才是主因。過多的糖分與脂肪的攝取，都會導致體內脂肪增多。但是，年紀大了之後（65 歲以後），食量往往減少、體重減輕，卻發現減掉的是肌肉，卻不是減掉脂肪。

中老年（50 歲）之後，脂肪的燃燒減緩，全身的脂肪開始進行位移，離開乳房，移居肚皮；離開額頭，移居腮幫，凡是重力所到之處，便是脂肪移居的地方。想要增加脂肪燃燒，減緩脂肪位移，並沒有特別的方法，還是適度的運動、運動、再運動。

老化是每一個人都會面臨的問題，但並非疾病。認識老化，以平常心對待，不要把老化當成疾病，胡亂就醫與吃藥。均衡飲食，持續運動與充足睡眠，仍然是延緩老化最重要的原則。

LESSON 31

睡著比醒著忙

睡眠的生理基礎與調節機制

我們可能都不太清楚，睡眠時，身體到底做了些什麼事情？但是我們都知道，充足的睡眠能讓我們神清氣爽、補足活力，為醒的時候作好準備。所有的生物都需要睡眠，睡眠占了人生三分之一的時間。醒著的時候，身體無法做的事情，必須依靠睡眠時來完成。所以，規律的睡眠是生存的前提，也能維護人體健康。

睡眠的分期與功能

睡眠週期可以分成：（一）、非快速動眼期（Non-Rapid Eye Movement, NREM），占睡眠時間 75%；（二）、快速動眼期（Rapid Eye Movement, REM），占睡眠時間 25%。一個睡眠週期大約 90 分鐘，所以一個晚上 7 ～ 8 小時的睡眠時間，大約有五個睡眠週期。

非快速動眼期

總共約 70 分鐘，可以分成四期：

一、**第一期：**約 5 分鐘。此時心跳與呼吸逐漸緩慢下來，肌肉放鬆，大腦開始出現混亂的片斷，腦波（Electroencephalography, EEG）的振幅較清醒來得小，大約是 3 ～ 75 轉／秒（cycle per second, cps）。

二、**第二期**：約 40 分鐘。此時思緒更加模糊，體溫、脈搏，呼吸更加下降而緩慢，EEG 呈現較大的振幅及較慢的頻率，偶而會出現梭狀波：即大約是 12 ～ 16 cps 的一種猝發波，稱為「睡眠梭狀波」。

★★ 第一期與第二期為「淺睡期」，此時容易被外界吵醒。

三、**第三期**：約 12 分鐘。此時為較深之睡眠，體溫脈搏呼吸持續下降、生長激素開始增加分泌，EEG 呈現 Delta 波（少於 50%），腦波減緩到大約 1 ～ 2 cps。

四、**第四期**：約 13 分鐘。此時為深睡期，蛋白質合成增加，全身肌肉放鬆，生長激素繼續分泌，修復細胞與重建肌肉力量，消除白天的疲勞；此時開始作夢，並延續到快速動眼期。

★★ 第三期與第四期為「熟睡期」（有些學者將第三與第四期合為一期），此時不容易被外界叫醒。此段時間，身體會進行修復與重建，對體能與器官功能的維持非常重要。

快速動眼期

睡眠週期的第五期，約 20 分鐘。此時處於沉睡狀態，很難被叫醒；眼皮下的眼球會快速轉動，所以稱為「快速動眼期」。此時體溫上升、肌肉不動，男性會出現勃起，並且可能出現夢遺，女性陰道分泌會增加，延續第四期繼續作夢，心跳與呼吸會隨夢境及睡眠環境改變，並詮釋外界的情境入夢。

在快速動眼期，大腦會將白天發生的事情進行分析、重整後加以儲存，對於經驗的累積與知識的學習來說很重要。

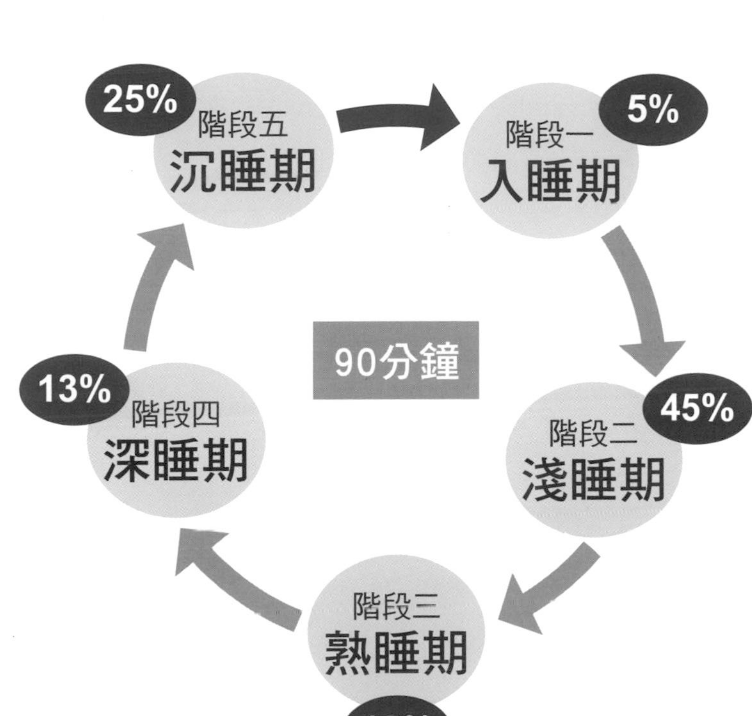

▲ 每個睡眠週期可分為五個階段。

為什麼記不得大多數的夢境？

當一個人是自然、緩和的從「快速動眼期」的睡眠階段，經過「非快速動眼期」睡眠而後進入清醒狀態，會發生「夢境抹除」的情況，所以睡眠品質良好的人，會覺得他們沒有作夢，或是整夜只作了一個夢，這是因為他們關於那些夢的記憶，已經消失了。

絕大部分的科學家都相信，所有人都會作夢，並且在每次的睡眠中，都會有相同的頻率。如果一個人直接從快速動眼期的睡眠中被叫醒的話（如被鬧鐘叫醒），他們就比較會記得那段快速動眼期當中的夢境。所以睡眠品質不好的人，或是睡眠環境經常會被吵醒的話（如搭火車臥鋪），就會覺得整個晚上睡覺時，都在作夢。

為什麼老人家學得很慢？

在人的一生中，每天睡眠總時間隨年齡增長而逐漸減少。其中，快速動眼期的睡眠時間縮短更明顯。新生兒的快波睡眠（也就是快速動眼期）占整個睡眠時間的 50% 左右，成年人只占 20 ～ 30%，老年人占的比例更小。

如前面所提到的，快速動眼期的睡眠負責累積經驗與鞏固知識，所以小孩學東西很快，但是老人因為快速動眼期的睡眠時間變短，所以學習能力變差。同樣的，即使年紀輕，但是睡眠品質不好的人，學習能力也會變差，例如：小孩的睡眠呼吸中止症候群，可能導致睡眠障礙，進而影響學習的速度。

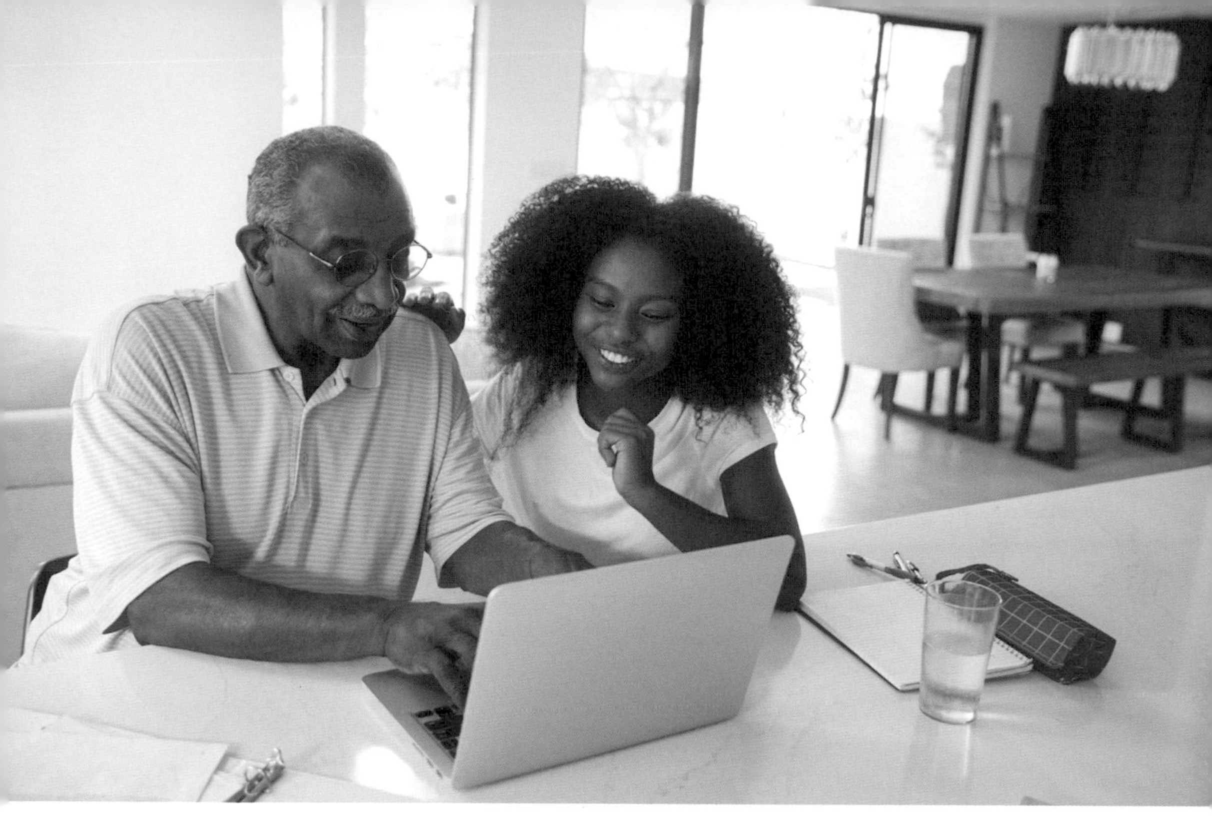

每人每天需要多少睡眠？

答案是因人而異。但是醫生建議，每天充足的睡眠，應該要有 7 ～ 8 個小時。年齡愈大，所需要睡眠的總時間愈短，而且快速動眼期的時間也愈短，睡眠中覺醒的次數也愈多。

所以，年長者應該要每天規律運動，來累積「睡眠債務」，避免太長時間的午睡而減弱「睡眠驅動力」；服膺睡眠的「日夜節律系統」，不要在白天睡覺或太早就寢，導致入睡困難或半夜醒來。

Ⅲ 控制睡眠的身體系統

身體由三個重要的系統來控制你的睡眠，三個系統相輔相成，主導你什麼時候該醒？什麼時候該睡？還有一天該睡多少時間。任何一個系統出現異常，或是生活習慣背離這三個系統的法則，就會產生睡眠混亂、失眠，進而產生各種與睡眠障礙相關的疾病。

睡眠恆定系統（Homeostatic System）

睡眠債與睡眠驅動力成一個正向相關的關係，睡眠債務愈高，睡眠驅動力就愈強。運動是累積睡眠債務最好的方法，運動增加身體的新陳代謝，累積腺苷酸（Adenosine）。

腺苷酸是一種抑制性的神經傳導物質，會抑制神經傳導及促進睡眠。咖啡因是一種腺苷酸接受器的拮抗劑，因此會阻斷腺苷酸在中樞神經的作用，進而影響睡眠。所以，睡眠是一個債務的議題，以 24 小時為一個循環週期，包括 16 個小時的清醒期，以及 8 個小時的睡眠期。當前一個週期的清醒期過長，也就是睡眠期不夠的時候，身體會自動延長下一個週期睡眠的時間。也就是說，睡眠債務、睡眠驅動力、睡眠時間，三者同樣是成正比。

臨床運用

避免食用含咖啡因的飲料（如可樂、巧克力、茶），中午午休不要超過 30 分鐘，下午三點以後不要午休。

日夜節律系統（Circadian System）

配合睡眠恆定系統，人體的生理時鐘也是以 24 小時為一個週期。但是事實上，地球的運轉時間，每天應該是 24.2 小時，所以人們會愈睡愈晚。褪黑激素負責日夜節律系統的調控，視網膜接收每日光暗的規律變化，從而影響褪黑激素的製造。每天晚上 10 ～ 11 點時，褪黑激素開始大量增加，身體開始產生睡意，褪黑激素在半夜 3 ～ 4 點來到頂峰，也是人們睡得正酣甜的時候。

臨床運用

每晚應在 10 ～ 11 點前入睡，睡滿 7 ～ 8 個小時之後，在早上的陽光下起床。起床後不要賴床，無效的睡眠只會干擾睡眠的節奏。

喚醒系統（Arousal System）

身體在睡飽了以後就會醒來，喚醒系統由大腦以及內分泌系統來控制。大腦過度使用或身體過激的狀態，會引起入睡困難或是睡眠品質不良。內分泌異常，例如甲狀腺亢進，也會引起睡眠的障礙。

臨床運用

大腦及身體在使用一段時間之後，應該要有充分的休息；內分泌系統異常時，通常會伴有身體的異狀，此時應要尋求診斷與治療。

該不該睡午覺？

睡意週期以兩個小時為一個循環，在晚間 10 ～ 11 點來到最高峰，這個時候應該要上床睡覺。同時，睡意週期也會在下午 2 點左右來到一個小高峰，所以這時你會覺得疲倦、想打瞌睡。午休是可以的，但是應該要控制在 30 分鐘以內，並且不要進入深度睡眠，這樣才不會干擾到晚上的睡眠品質。

老化對睡眠的影響

65 歲以上的年長者，40 ～ 50% 會有睡眠障礙的問題。隨著年齡的增長，深度睡眠的比例會降低，快速動眼期的時間會變短，同時清醒的時間會增多。老人家的睡眠會變得較淺、易醒，各種不同的病痛也會影響老人的睡眠，例如腰痛或夜間頻尿等。

失眠怎麼辦？

失眠指的是入睡困難或睡眠維持困難。前者是指入睡時間超過 30 分鐘，仍然清醒；後者是指入睡後，中間醒來時間超過 30 分鐘，或過早清醒。依照精神疾病診斷的標準，如果每週三天或以上失眠，且持續時間超過一個月，就稱為慢性失眠。慢性失眠需要尋求醫師的診斷與治療。

有些失眠是與疾病有關，例如甲狀腺亢進症，或者藥物，例如部分感冒藥物。有些是與咽喉或下顎的結構有關，例如阻塞性睡眠呼吸中止症。服用安眠藥是最後的手段，而且應該要在醫師的指示下才能使用。

養成良好的睡眠衛生習慣，才能擁有良好的睡眠品質。每天合宜的工作與適度運動，固定在晚間 10 ～ 11 點就寢，想睡才上床，睡不著就離開床，睡滿 7 ～ 8 個小時就起床，午休不要超過 30 分鐘。

LESSON 32

不是花愈多錢，就能愈安心

健康檢查須知

現代人的預防醫學概念較為完善，除了有政府免費補助的健檢項目之外，許多企業也會為員工安排定期的健康檢查。不過，一般人在做健康檢查之前與之後，經常發現一些通病：（一）、漫無目的，隨著醫院安排，反正做愈貴的愈好；（二）、花了很多錢，卻不知道自己做了什麼檢查？（三）、發現了很多紅字的異常，卻不知道該怎麼辦？

接下來，就來看看關於健檢，你該知道什麼！

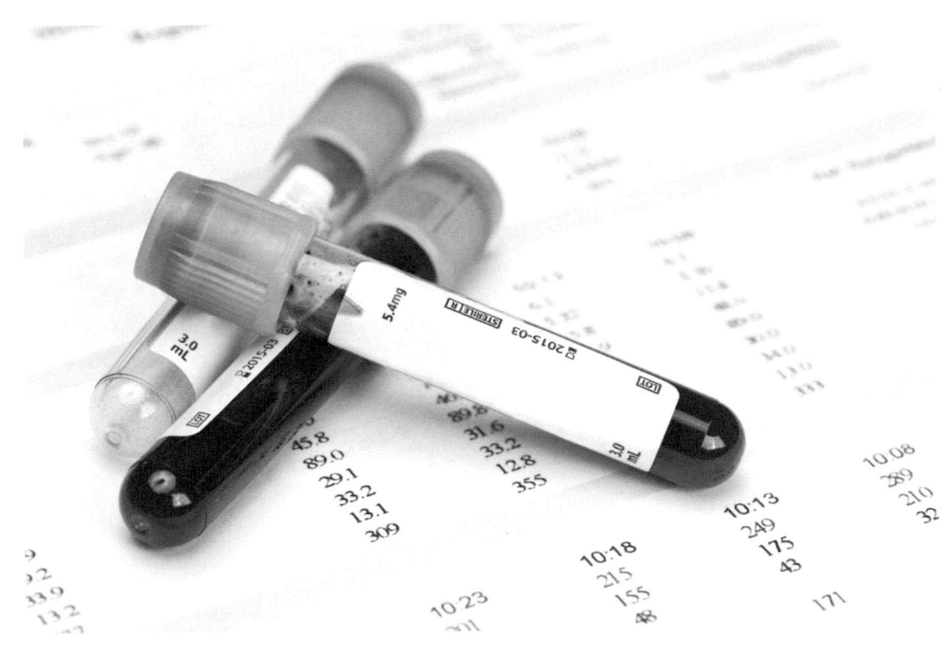

正確了解健檢的目的與限制

不要以為每年做健檢就可以長命百歲，健診的目的是要提早找出當下沒有任何症狀、未來卻可能致命的疾病，例如癌症、冠狀動脈或腦血管阻塞，達到早期診斷、早期治療的痊癒目的。

然而，現在醫學的診斷技術仍然有其限制（包括儀器與人為），例如：最先進的 640 切電腦斷層對找出早期肺癌的能力，也常限制在 3mm 以上，正子掃描甚至要腫瘤大小大於 1 公分的癌症才能發現。因此，內容適當的健檢確實能找出你目前沒有症狀的潛在疾病，但是不要期待百分之百的篩檢率。

適性的健檢內容

健檢應該先針對你現有的症狀與症候進行進階診斷，例如：若長期患有高血壓，並且有心肌梗塞的家族病史，應優先安排「冠狀動脈」的 CTA（電腦斷層血管攝影），評估冠狀動脈鈣化與阻塞的狀況。如果沒有三高或其他的冠心症的危險因子，花大錢做這項檢查就沒有意義。

健診的內容應該個人化、策略化，由專業的內科醫師先進行評估後，再設計最符合經濟效益的內容。

不同頻率的各項檢查

內臟器官的功能性檢查，例如肝、腎功能、血脂肪、膽固醇檢驗，應該每年進行一次檢測。但是癌症的篩檢，每兩到三年進行一次即可，例如肝臟超音波、胃鏡、大腸鏡。如果檢查結果正常，兩年後再檢查即可。

但是，如果你有特殊的危險因子，例如慢性 B 型肝炎，那針對肝癌的超音波檢查，建議每半年進行一次；如果大腸鏡檢查有息肉（尤其是腺瘤），或有家族病史的人，最好第二年就要再追蹤一次。

現代醫學能提供的健檢項目

健檢主要的目的是篩檢出沒有症狀與症候的慢性病或癌症，一般檢查的項目可以分為三大類：

一、**血液、尿液及糞便檢驗：**這些主要是內臟功能的檢查，例如血糖及內分泌功能，或肝、腎功能與血脂肪的檢驗，大多數由檢驗科負責處理。

二、**影像學檢查：**主要是進行癌症的篩檢，包括 X 光、電腦斷層、核磁共振（以上由醫學影像部，俗稱「X 光科」進行）、超音波（由各專科進行，例如婦科、肝膽科）。另外，正子電腦斷層掃描由核子醫學科進行。

三、**內視鏡檢查：**主要是由胃腸專科醫師進行的胃鏡及大腸鏡。除了腫瘤的篩檢，也要看胃腸道是否有息肉、發炎或潰瘍，以及是否有胃食道逆流（後者是常見的文明病，是引起慢性咳嗽的重要原因之一）。

進行這些檢查前，應該由內科或家醫科醫師先進行詳細的問診與身體理學檢查之後，再依據個人狀況安排個人化健診。同時也要特別注意，部分健檢內容（或宣傳），可能會誤導一般民眾醫療觀念，比方說有以下的兩大類問題：

一、抽血檢查包羅萬像，但有**很多檢查當作疾病篩檢是沒有意義的**，例如癌症指數。比方說，CEA（癌胚抗原）常被拿來做為大腸癌的篩檢，但是有許多患者，尤其是癌症早期時，CEA 的指數常常在正常範圍內。

二、**沒有一種影像學檢查可以適用於全身各個器官**，例如：利用核磁共振做全身的掃描來篩檢癌症時，肺部的小腫瘤就不容易被篩檢出來。早期肺癌篩檢最好的方法是用低劑量電腦斷層掃描。另外，只用正子電腦斷層掃描，無法達到全身的癌症篩檢目的，因為小於一公分的腫瘤，或是腦部及泌尿道的癌症，無法透過正子掃描檢查出來。

做一次全身健診其實不太輕鬆，也要花很多錢，建議在安排檢查之前，事先跟醫師好好討論一下，讓每一項檢查都能夠達到實質的效益。**健康檢查後，所有異常的項目應該由專責的醫師詳細解說，並清楚的告知如何進行後續的檢查及追蹤**。記住，健康檢查的首要原則是：不做冤枉的檢查，不花沒有意義的錢！

Chapter

08

當個聰明的病人

LESSON 33

這樣看醫生，快且準！

(一) 咳嗽症狀停看聽

咳嗽、胸痛、腹痛及頭痛是一般人最常出現的症狀，這些症狀可能只是輕微的生理性異常，會自然痊癒；但也可能是重大疾病的表徵，不能掉以輕心。接下來將針對這四種常見症狀，逐步說明如何自我研判症狀的導因，學會精準的描述症狀，以及正確的看醫生。

呼吸系統最重要的防衛機制

人體大部分的器官都與外界環境有良好的隔絕，但是呼吸系統、消化系統還有頭部的五官，卻因為維持生命的必要，隨時要與外界接觸。呼吸系統起自鼻腔、咽喉，再至氣管、支氣管，最後到達肺泡，整套系統分分秒秒暴露於環境中的空氣，因此呼吸系統必須隨時承受空氣中的溫度、濕度變化，以及吸入空氣中可能帶有的各種環境污染物（例如汽車或工廠所排放出來的有毒氣體），或是病原菌（例如病毒、細菌或是黴菌）。

當呼吸系統遭遇到這些足夠造成身體危害的物質時，會透過各種方式來提出警告或是進行保護，「咳嗽」就是呼吸道最重要的一種防衛機制。

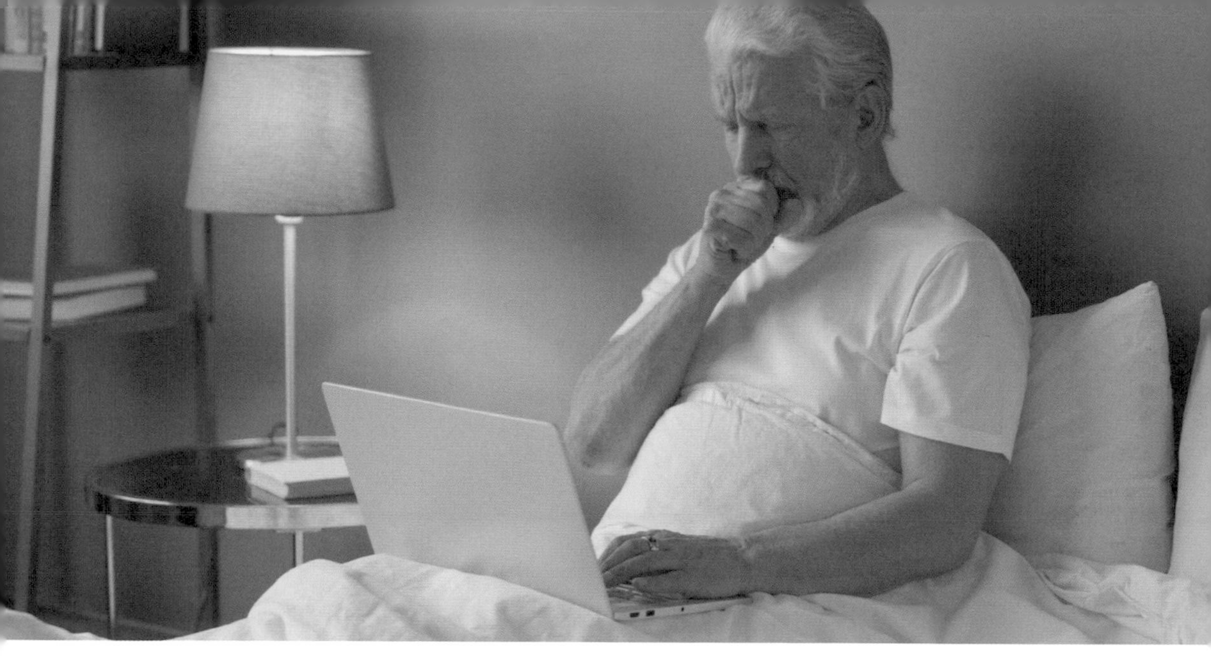

先學會觀察與描述

臺灣有句俗話說：「做土水的驚抓漏，做醫生的驚治嗽。」可見咳嗽是人類生活中最常見、也是最難處理的一種症狀。一般感冒所引起的咳嗽症狀，通常會在一週內逐漸緩解，並且很少會持續超過三週。而且，感冒起因於病毒感染呼吸道，通常好發在秋冬的季節，不會有人一年到頭都在感冒。

咳嗽超過八週，醫學上稱之為「慢性咳嗽」。除了慢性咳嗽之外，急性咳嗽如果伴有發燒或咳血，或是急性咳嗽當作感冒治療超過三週還無法痊癒，都應該到醫院進行進一步的檢查，做出正確的診斷。就醫前，患者有責任先確認自己咳嗽的一些特性，例如：

☑ 咳嗽大多發生在白天、還是晚上？
☑ 跟溫度的變化有沒有關係？
☑ 是否每年都在秋冬的季節發生？
☑ 咳嗽時，會不會伴隨痰液咳出？
☑ 痰的顏色是白色，還是黃色？
☑ 痰液有沒有臭味？
☑ 有沒有伴隨鼻腔或咽喉的症狀？例如：打噴嚏。

清楚而完整的症狀描述，有助於醫師更快速和準確的作出診斷，或是決定要安排哪一些檢查。以氣喘患者的咳嗽為例：患者可能會描述症狀好發在秋、冬季，通常在半夜時會咳嗽咳醒，咳嗽時伴隨白色、牽絲狀的黏液；有些患者會同時有鼻子過敏，常打噴嚏的現象。如果患者能夠這麼清楚的描述這些典型症狀，醫師下診斷就非常容易了。

Ⅲ 生理性與病理性咳嗽

我們通常可以將咳嗽分為「生理性」與「病理性」的咳嗽。生理性的咳嗽或許可以自己再觀察一段時間，不必急著就醫；病理性的咳嗽，就一定要馬上去看醫生。

那麼，這兩者要怎麼作區分呢？

基本上，急性咳嗽伴有濃的黃痰，發燒或呼吸困難，或是伴隨咳血，大多屬於病理性的咳嗽，最常見的原因是肺炎、肺結核，甚至肺癌。慢性咳嗽伴有黃痰或是呼吸困難，則可能為慢性支氣管炎或是支氣管擴張症等，也屬於病理性的咳嗽。

然而，生理性咳嗽比病理性咳嗽更常見，特別是老年人、呼吸道敏感的人、有慢性鼻炎、鼻竇炎、胃食道逆流的患者。

病理性咳嗽	• **急性咳嗽：**濃黃痰、發燒、呼吸困難、咳血。常見病因：肺炎、肺結核、肺癌。 • **慢性咳嗽：**黃痰、呼吸困難。常見病因：慢性支氣管炎、支氣管擴張症。
生理性咳嗽	• **老化、呼吸道敏感、慢性鼻炎、鼻竇炎、胃食道逆流患者**

老化的過程不是只有頭髮變白、皮膚變皺，呼吸道的黏膜也會因退化變得敏感而脆弱。當外界溫度快速轉換（例如：夏天進出冷氣房，冬天走入寒冷的戶外），或是進食過冷或過熱的食物時，因為降低或升高口腔、咽喉的溫度，都會引起咳嗽或是流鼻涕。

呼吸道敏感的人和老年人一樣有著敏感的呼吸道黏膜，所以會產生類似的問題；慢性鼻炎或鼻竇炎的患者會因鼻涕逆流到咽喉，胃食道逆流的患者會因強酸的胃液逆流到咽喉，刺激咽喉產生咳嗽的現象。退化性和敏感性的呼吸道黏膜問題，只要保持溫暖就可以改善症狀。至於鼻炎或胃酸逆流的問題，就必須要適當的治療或改變飲食的習慣，才能有效改善咳嗽的症狀。

咳嗽會因為疾病的原因及致病的機轉不同，產生不同的表徵，或是伴隨其他症狀。仔細觀察並記錄自己咳嗽時的種種特徵，並清楚的告訴醫師，將有助於醫師為你做出正確的診斷，早日治好你的疾病。

LESSON 34 這樣看醫生，快且準！

（二）胸痛症狀停看聽

胸痛、腹痛或是頭痛，總是或輕或重的困擾著許多人。每個人一輩子中不可能沒有出現過這類的疼痛，該怎麼在就醫時精確的描述你的疼痛，讓醫師可以更快速而準確的找到疼痛的病因？什麼樣的疼痛會致命，應該立即到急診求救？

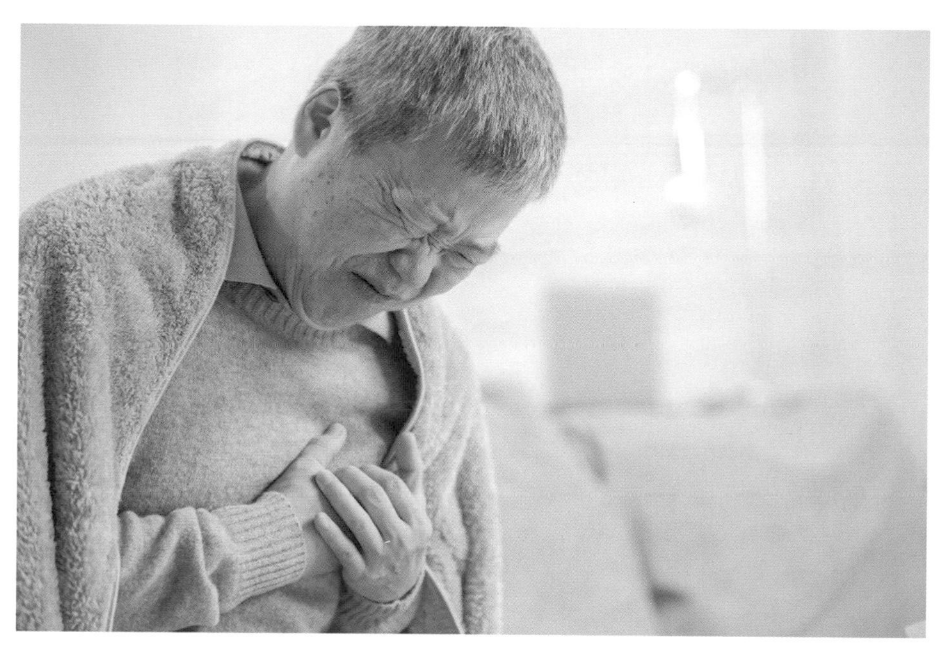

(III) 正確描述疼痛的九個面向

疼痛發生時，應該先仔細的觀察疼痛的各個面向，並且做詳細的紀錄。這麼一來，在就醫時才能準確的、科學的描述你的症狀，幫住醫師更迅速的做出正確的判斷、安排適當的檢查。下列說明九個正確描述疼痛的法則：

一、**疼痛發生的位置**：在前胸或後背、左側或右側、上面或下面？器官的位置不同，不同的位置可能代表不同的疼痛來源，例如若是心臟的問題，疼痛多發生在胸部左下方。

二、**疼痛的性質及程度**：典型的心肌缺氧（心絞痛的主因），疼痛會發生在胸部左下方，有類似重物的壓迫或是扭曲感，但是也可能只是輕微的胸悶，甚至不會疼痛；食道逆流引起的胸痛，多是在胸骨下方的灼熱性疼痛或是胸悶；主動脈剝離則為胸前突然發作的劇烈疼痛。

三、**疼痛發作與維持的時間**：「時間」是一個相當重要的鑑別診斷因子，例如疼痛大多發生在運動或提重物時，且維持的時間只有幾分鐘，就較像是典型的心絞痛。

四、**疼痛發作的頻率**：偶發、不固定位置、只有幾秒鐘的瞬間性疼痛，通常都是神經性的疼痛，比較可以放心。

五、**誘發或加重疼痛的因子**：心絞痛可能因運動、爬樓梯而引發或加重疼痛的程度；胃食道逆流有可能在平躺時會加重症狀，所以常在夜間加劇；肌肉骨骼的疾病、肋膜炎、心包膜炎的疼痛，都可能因為深呼吸或是咳嗽而加重。

六、減輕或停止疼痛的因子：再以心絞痛為例，在休息時或是含下舌下硝化甘油含錠之後，症狀會改善或消失；若是避免食用刺激性的食物，或是服用制酸劑後，胃食道逆流的症狀會獲得緩解。

七、有無牽引性疼痛，牽引到何處：如心肌缺氧的胸痛可延伸到左手臂內側、肩部、下頸部、上腹部等處；主動脈剝離、膽囊疾病、胰臟炎等則可能有背部的牽引痛。

八、其它伴隨症狀：疼痛若伴隨有其他的症狀，也應該一併清楚的描述，例如呼吸困難、冒冷汗、噁心、頭暈、無力、心悸、意識不清等。如果胸痛伴隨呼吸困難、冒冷汗，甚至意識不清，很有可能是心因性休克等重大急症，須立即送急診就醫。

九、過去的疾病史：是否有糖尿病、高血壓、高血脂症等。

III 複雜的胸腔，導因眾多

胸腔內外有各種不同的組織與器官，所以疼痛的原因非常複雜。簡單的，例如神經痛，可以自行痊癒；複雜的，例如致命的心肌梗塞或主動脈剝離，發生時必須立即就醫急救。

下面依據器官的位置及問題，列出七項常見胸痛的原因：

一、皮膚：帶狀皰疹。

二、大血管：主動脈剝離。

三、肺臟：氣胸、肺栓塞、肺炎、肋膜疾病、結締組織疾病、惡性腫瘤等。

四、胸壁：肋軟骨炎、肩部疾病、脊神經根壓迫、乳房病灶、胸壁惡性轉移病灶等。

五、腸胃：胃食道逆流、食道炎、消化性潰瘍、胰臟炎、膽道疾病等。

六、心臟：心絞痛、心肌梗塞、僧帽瓣（二尖瓣）脫垂、心肌炎、心包膜炎等。

七、神經、肌肉或精神方面：神經炎、肌肉扭傷或挫傷、焦慮症、恐慌症等。

當你有任何疼痛發生時，記得先仔細觀察上述的九個面向，並且做好詳細的紀錄，都會有助於醫師的診斷與治療。

特別提醒！主動脈剝離、氣胸、肺栓塞、心肌梗塞等疾病，都是會產生立即性生命危險的急重症，必須立即就醫。這些疾病的特色就是都會有強烈且持續性的胸痛，通常伴有呼吸困難、盜汗等症狀，尤其當疼痛來得又急又快，且持續的時間超過 15 分鐘以上，一定要特別小心。

LESSON 35 這樣看醫生、快且準！
（三）腹痛症狀停看聽

有些孩子每次考試前，就會肚子痛，甚至拉肚子。家長千萬不要怪孩子，因為想逃避考試所以說謊。其實一個人緊張或者有壓力的時候，不只是心會跳、氣會喘，腸胃的蠕動也會出現異常，因此產生了不等程度的疼痛，嚴重時甚至會拉肚子。腹痛的原因千變萬化，可輕可重，不可以掉以輕心。

ⅲ 三痛（胸痛、腹痛、頭痛）中最常見的疼痛

腹痛可能會讓人痛得呼天搶地，也可能溫柔婉約的隱隱作痛；它可以來得快、去得快，也可以悄悄的來、卻天長地久。原因是人們一生下來，就得開始喝水、吃東西，否則就會沒命；口腔、食道、胃及小腸、大腸等器官，一輩子都得承受這些食物的刺激、甚至蹂躪。當食物產生的傷害夠大，進而造成發炎或是發生感染，甚至產生腫瘤的時候，都會引起疼痛。

另外，腹腔內還有許多腸道外的器官，例如肝臟、膽囊、脾臟、腎臟，女性的下腹腔還有卵巢、子宮等生殖器官，所以腹痛的原因千變萬化，診斷困難。

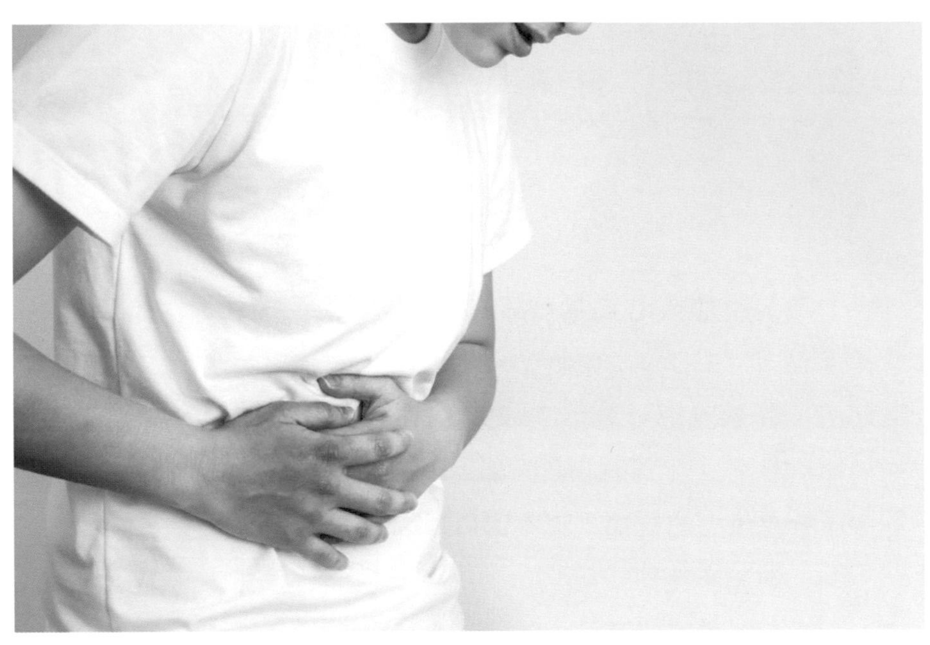

做個有智慧的患者

在各種資料都很方便查詢的網路時代，透過各種傳播方式的知識普及，在面對疾病時，當然也要有足夠的醫療知識，以更有智慧的方式，來面對醫療問題。接下來，我們將從四個重要原則，來初步分辨腹痛的可能面貌。

急性或慢性腹痛

急性的腹痛是指在一星期內發生的疼痛，若是劇烈的疼痛或是伴隨著嚴重的腹瀉，應該立即到急診就醫處理。慢性或是反覆性的腹痛，通常是指超過數週，比較溫和的疼痛。若是上、中腹部的疼痛可以到胃腸肝膽科門診；女性下腹的疼痛，可以先到婦產科門診就醫。

疼痛位置不同

一、**上腹部或心窩的疼痛：**胃食道逆流、胃或十二指腸潰瘍、胃炎、急性胰臟炎、胃痙攣等。

二、**右上腹部疼痛：**膽結石、膽囊炎、膽道發炎、肝膿瘍等。

三、**左上腹部疼痛：**脾臟梗塞、脾臟破裂、胰臟炎等。

四、**下腹疼痛：**盲腸炎、憩室炎、腹主動脈瘤，女性則考慮骨盆腔疾病等。

五、**腹部中心或是其他部位的絞痛：**急性腸胃炎、腸阻塞、腸道炎症、缺血性大腸炎等。

年齡不同

一、3 歲以前嬰幼兒的腹痛，要特別考慮是否為牛奶蛋白過敏，或者是乳糖耐受不良等因素所造成的腸痙攣而引起腹痛。另外，便祕也可能是腹痛的原因。若是發生陣發性腹痛、嘔吐、虛弱並且伴有草莓狀的糞便，就要考慮腸套疊，因為有生命的危險，必須緊急就醫處理。

二、學齡兒童的腹痛，則可能是腸胃炎、腸繫膜淋巴腺炎、闌尾炎或泌尿道感染等。若是小朋友平時很健康，卻突然發生腹瀉，合併嘔吐或腹痛，可能是急性腸胃炎。

三、老年人的腹痛更是千變萬化，腸阻塞是常見的原因之一，「腹脹」及「便祕」是最常出現的合併症狀。65 歲以上的老年人，有三分之一的腸阻塞病例是由於絞扼性疝氣所引起的。此外，腸胃道的惡性腫瘤、乙狀結腸的扭轉、缺血性腸炎以及大腸憩室炎，也是常見的原因。必須特別注意的是：老年人的盲腸炎症狀通常不典型，不一定會合併發燒或右下腹痛，所以要提高警覺。老年人若有動脈粥狀硬化等心血管疾病，當急劇腹痛合併休克症狀時，就要小心是否為主動脈瘤剝離，緊急就醫處理。

性別不同

女性的腹痛除了一般疾病之外，還要特別考慮婦科方面的疾病，例如經痛、輸卵管炎、輸卵管扭轉、卵巢炎、卵巢囊腫、卵巢化膿等。

當出現頻尿、下腹悶痛、小便時有燒灼感，甚至血尿等症狀，則有可能是尿道發炎或是膀胱炎。另外，育齡期的女性如果出現劇烈的下腹疼痛，就必須要考慮是否有子宮外孕的可能。

最後，有時腹痛不是消化系統的問題，而是其他器官出了問題反應在腹痛上，例如心肌梗塞，會以上腹疼痛來表現。

⑪ 看病前的準備功課

就醫前，先仔細觀察並且記錄自己腹痛的特質，便能協助醫師更快速而準確的找到腹痛的原因，加以治療。腹痛發生時，務必先注意腹痛的幾個要點：

- ☑ 位置（左、右、上、下腹？）
- ☑ 頻率（多久痛一次、一次痛多久？）
- ☑ 痛法（脹痛、絞痛、悶痛、刺痛、劇烈疼痛）
- ☑ 加重或減輕疼痛的方法（如彎腰、呼吸、姿勢、嘔吐、小便）
- ☑ 腹痛與飲食或經期的相關性
- ☑ 有無伴隨其他相關症狀

腹痛是一個常見的問題，每一個人都經歷過大大小小的「肚子痛」。本文描述不同位置的腹痛、疼痛的特徵及強度與各種不同病因的關聯性，協助你鑑別自己的腹痛是否需要立即就醫。

不同年齡、不同性別的腹痛原因也可能不同；小孩及老人的腹痛有時候症狀並不典型，需要特別小心留意。有些疾病引起的腹痛是急症，不立即就醫可能會有生命的危險。

LESSON 36

這樣看醫生，快且準！

（四）頭痛症狀停看聽

頭痛常常發生也非常煩人，然而大多數時候，它的症狀輕微，而且往往自己就可以歸納出一些原因，例如感冒發燒、熬夜疲勞、喝酒宿醉等，單靠休息或使用一點藥物就可以緩解。

然而，也有一些頭痛不可以掉以輕心，例如腦膜炎、顱內腫瘤或顱內出血引起的頭痛，這些疾病引起頭痛的程度從輕微到劇烈不等，若是疏忽不立即就醫治療，可能會導致死亡。

在這個章節中將介紹頭痛的種類與原因，以及哪些特殊的狀況，必須立即就醫處理。

腦子本身其實不會痛

每一個人都有頭痛的經驗，有些人甚至一輩子都在為頭痛所苦。但是大腦本身其實沒有疼痛的接受器，所以大腦自己不會痛。但是頭部其他的組織或器官，包括腦膜、腦血管、腦殼、肌肉、皮膚、眼睛、鼻竇及耳朵等，對疼痛的感覺卻很敏感。一旦這些部位受到傷害或是刺激，就會引起疼痛。

頭痛的分類

依照頭痛的原因及方式，可以將頭痛分為下列幾種：

一、**緊縮性頭痛**：也被稱為「壓力型頭痛」或是「肌肉型頭痛」。當身體長期處於緊張的狀況，或是工作時必須長期維持頭、頸固定的姿勢，造成肩、頸的肌肉過度緊繃、疲勞時進而產生的頭痛，例如長期在電腦前工作的人。這個時候，疼痛的位置大都在後腦勺、後頸部或是太陽穴等肌肉掐入骨頭的地方。這種疼痛的特點，就是當醫師用拇指下壓的時候，會有明顯的局部肌肉壓痛。緊縮性頭痛與下述的偏頭痛是現代人最常見的頭痛原因，兩者幾乎占所有頭痛原因的九成以上。

緩解方法

可以透過按摩或熱敷肌肉疼痛的地方，有效的緩解疼痛。

二、**偏頭痛：**另外一種常見的頭痛，它好發於年輕的女性，通常發生在頭部的單側，持續的時間可以從幾個小時到兩、三天。

偏頭痛發生時會伴有搏動、噁心、嘔吐、畏光、恐聲等症狀，而且焦慮、緊張或肢體活動會加重它的症狀。

三分之一的病患在頭痛發生前，會先有一些前兆，例如短暫的視覺、感覺、語言或肢體障礙，這些症狀會暗示偏頭痛即將發作。

偏頭痛真正發生的原因目前不太清楚，大部分的研究認為它與腦部血管激烈的收縮或擴張有關。誘發偏頭痛的原因跟遺傳、飲食，例如喝紅酒、吃巧克力或起司等食物、服用避孕藥、出入溫差過大的環境、或是環境的空氣不流通以及吵雜有關。

此外，女性罹患偏頭痛的比例高出男生三倍。

緩解方法

輕微的偏頭痛可藉由咖啡或是休息加以改善，但若持續嚴重疼痛時，就必須服用藥物才能緩解。

三、**叢發性頭痛：**一旦痛起來劇烈到會讓人想自殺，所以也被稱為「自殺性頭痛」，一天可以發作一次到幾次，每次一到兩個小時，而且通常在固定的時間發作，例如早晨或入睡後一到兩個小時。

疼痛絕大多數以單側為主，最常發生在眼窩後面。有時候，疼痛會出現在眼窩上方或同側的太陽穴，發作時眼睛痛如刀割。由於病灶可能發生在腦下視丘，所以常常伴隨著自主神經的症狀，例如單側的眼睛紅、流淚、瞳孔收縮、眼皮下垂以及流鼻水、臉部冒汗、臉部腫脹等症狀。

叢發性頭痛的發作可能與日照的長短有關，它常發生在十二月到三月的冬天季節。以國外研究報告千分之三的盛行率推估，臺灣大約有六萬名病患，但是大多數的患者沒有被正確的診斷與治療。

臺灣的一項研究顯示，叢發性頭痛好發於男性，男與女比例是六比一。同時，吸菸可能是重要的誘發因子。

緩解方法

叢發性頭痛可以透過藥物取得有效的治療，但是在發作期，應該避免喝酒、飛行或登山等誘發因子，才不會導致疼痛控制困難或反覆的發作。

四、其他的頭痛：大腦或腦膜發生感染、腫瘤或是出血時，常常會引起腦壓升高，進而引發頭痛、發燒、意識不清或是四肢的活動異常，例如一側無力。遇到這種情形時，必須馬上就醫治療，才不會有生命的危險。

另外，頭痛也是憂鬱症的症狀之一，大約有八成的憂鬱症患者會有頭痛的問題。當頭痛的問題老是治不好時，就要考慮是否患有憂鬱症。

除了上述的各類頭痛外，生活或飲食習慣的不正常也經常會引起頭痛，例如熬夜或宿醉。正常的睡眠以及飲食習慣，加上固定的運動，都可以有效的減少頭痛的發生。多了解發生頭痛的各種原因及症狀，就可以更明確而有效的處理這個惱人的問題。

◆ MEMO ◆

國家圖書館出版品預行編目資料

胸腔科權威曹昌堯教授的36堂健康必修課：任何人都要為自己的健康把關，做好管理計畫，大病、小病都能輕鬆搞定。／曹昌堯◎著.——初版.——臺中市：晨星出版有限公司，2022.10
面；公分.——（健康百科；62）

ISBN 978-626-320-260-3（平裝）

1.CST：家庭醫學　2.CST：保健常識

429　111015063

健康百科 62

胸腔科權威曹昌堯教授的

36堂健康必修課：

任何人都要為自己的健康把關，
做好管理計畫，大病、小病都能輕鬆搞定。

可至線上填回函！

作者	曹昌堯
主編	莊雅琦
編輯	洪　絹
校對	洪　絹、莊雅琦、曹昌堯
美術編輯	林姿秀
封面設計	賴維明
創辦人	陳銘民
發行所	晨星出版有限公司 407臺中市西屯區工業30路1號1樓 TEL：04-23595820　FAX：04-23550581 E-mail：service-taipei@morningstar.com.tw http://star.morningstar.com.tw 行政院新聞局局版台業字第2500號
法律顧問	陳思成律師
初版	西元2022年10月23日
讀者服務專線	TEL：02-23672044／04-23595819#230
讀者傳真專線	FAX：02-23635741／04-23595493
讀者專用信箱	service@morningstar.com.tw
網路書店	http://www.morningstar.com.tw
郵政劃撥	15060393（知己圖書股份有限公司）
印刷	上好印刷股份有限公司

定價 400 元

ISBN　978-626-320-260-3

（缺頁或破損的書，請寄回更換）
版權所有，翻印必究